結局、どうして面白いのか

「水曜どうでしょう」のしくみ

佐々木玲仁
Reiji SASAKI

FILM ART
フィルムアート社

◉目次

はじめに

みなさん、はじめまして。佐々木玲仁と申します。

これからしばらくの間、「水曜どうでしょう」というテレビ番組のことをみなさんにお話ししていこうと思います。

だいぶ長い話になりますので、どうぞみなさん、楽な姿勢でお聞きください。「水曜どうでしょう」の話ですし、肩ひじ張らずにごゆっくりどうぞ。


はじめに、この本がどういう本なのか、ということをお話ししておこうと思います。

この本は、ひとことで言うと「水曜どうでしょう」の物語の構造について書かれたものです。そして、この分析をするにあたって素材としたのは、私が同番組のディレクターである藤村忠寿さんと嬉野雅道さんに行なったロングインタビューです。もちろん、番組そのものの映像も素材として使っています(本では見せられませんが)。

嬉野さん、藤村さんそれぞれ、一回二時間ほどのインタビューを三回行ないました。

そして、そこから何がわかるかについての分析をしたあと、あらためてお二人にその結果をお示しし、思ったことをうかがう「振り返り」も実施しました。

『「水曜どうでしょう」の物語の構造』と聞いて、疑問を持たれた方もおられるかもしれません。おそらく、ここで持たれる疑問は二種類あると思います。一つは、そもそも「水曜どうでしょう」って何？　という疑問です。基本的にはこの本を手に取って下さった方の多くは「水曜どうでしょう」をご存知の方が多いだろうとは思います。すでに見たことがあるという方、あるいは、単に見たことがあるなんてものではなく、いつも見ている、熟知している、私の人生の一部である、という方もおられるでしょう。そういう方は、七ページの七行目へお進みください。

それから、「水曜どうでしょう」をご存知ない方については、残念ながらここでどういう番組かを説明することはできませんので、冷たいようですが、まずはこの本をおいて、何らかの方法で番組を見てきてください。

いえ、これは何も意地悪をしようとか、「水曜どうでしょう」を知らないやつは相手にしないとか、そういう狭い了見で言っているのではありません。説明したくても説明しようがないからなんです。

これはこの本の主題の一つでもあるのですが、「水曜どうでしょう」がどういう番組か、何が面白いのか、ということは、説明するのがとても難しいのです。実際、この番組を好きで、知らない人にこれを説明しようとした経験がある方はおわかりだと思うのですが、そういうことがなかなかうまく説明ができません。説明しようとすればするほど空回りして、いたずらに番組のなかの名ゼリフを連呼するばかり、ということになってしまうこともしばしばです。そういうわけですから、とりあえず見たことのない方は実際にご覧になっていただくより仕方がありません。

と言っても、今はテレビで本放送をしているわけでもありませんし、どうやって見たらいいのかと戸惑われるのではないかと思います。そういうときは、まわりにいる「水曜どうでしょう」のファン（一人くらいはいますよね?）に、声をかけてみてください。その人は、必ずやテレビの録画やDVDを隠し持っているはずですから、それを見せてもらってください。賭けてもいいですが、その人は間違いなく喜んであなたに見せてくれるはずです。

しかしまあそうは言うものの、実際にはこの本は、見たことのない人にも楽しめるように作ったつもりです。特に最初のほうはよくわからないかもしれませんが、しば

らくおつきあいいただければこのことが嘘ではないということがわかっていただける
と思います。

さて、見たことのなかった方もちゃんと見ていただいたでしょうか？　大丈夫です
ね？　どうでしたか？　面白かったですか？　私が、面白さを説明できないと言った
意味も何となくわかっていただけたでしょうか。

ではここからは、全員が「水曜どうでしょう」を見たことがあるという前提でお話
を進めていこうと思います。先ほど私は、「水曜どうでしょう」の物語の構造という
話をしたところで、疑問を二つ持たれるでしょうと言いました。その二つ目の疑問な
のですが、おそらくそれはこういうふうなものなのではないでしょうか。

「水曜どうでしょう」に、「物語」も「構造」もあるのですか？

はい。この疑問を持たれるのももっともなことです。この番組の特徴の一つは、番
組のなかで、話がものすごくいいかげんに行き当たりばったりでことが進んでいくこ

とです。いわゆる、「ぐだぐだ」というやつです。このぐだぐだ感がいわば番組の魅力の一つになっているわけで、そこに「物語」も、ましてや「構造」なんてあるんですか、という疑問は当然ありえる。これについては、私としては今のところ「あるんです」とお答えするしかありません。

では、どのような「物語」と「構造」があるか。このことは、まさに今回の話のメインテーマになりますので、ゆっくりと時間をかけてお話ししていくことができれば、と思います。

さてここで、少しだけ私の自己紹介をしておこうと思います。何しろみなさんとは顔も見えず、声も聞こえない、文字だけのおつきあいになりますから、ちょっとでもどんな人かがわかったほうが安心して話を聞いていただけると思いますので。

私は九州のある大学に勤める、臨床心理学の研究者です。教育学部というところで臨床心理学の授業をしたり、臨床心理士としてカウンセリングの現場で働くことを目指す大学院生の指導をしたりしています。

カウンセリングというのは、ご存知の方も多いと思いますが、自身の性格や人との関係などについて困りごとを持った人とお会いしてお話ししたりすることで、その人の困りごとにどう対応していったらいいのか、そしてその人がこれからどう生きていければいいのかということについて、ご本人が考えるためのお手伝いをする仕事です。

研究者としては、「描画法」といって、カウンセリングに来られた方に絵を描いてもらう方法についての研究をしています。また、カウンセラーとして臨床現場で働いたりもしています。要は、カウンセリングということについていろいろな種類の仕事をしているというわけです。


当然のことながら、そういう人間が、どうして「水曜どうでしょう」についての本を書くのかと疑問に思われるのではないかと思います。北海道ならともかく、なぜ九州の人が、しかもカウンセリング関係の人が「どうでしょう」なんだ、と。そういうふうに思われるのももっともなことです。この本を書いているという話を私の周囲の人にしたときも、大方そういう疑問を持たれますから。

そこで、私がどうして「水曜どうでしょう」についての本を書くことになったのか、そのあたりのことをお話ししたいと思います。

私が「水曜どうでしょう」を知ったのは、長野オリンピックの少し前（古いですね）、一九九七年の後半くらいのことだったと記憶しています。当時、私は北海道に住んで、会社勤めをしていました。当時は全くカウンセリングとは関係のない仕事をしていたのですが、そのころは結構残業も多くて、夜遅くまで会社に残って仕事をしていることがありました。

遅くまで仕事をして疲れて家に帰った後、何気なくつけたテレビに「水曜どうでしょう」がたまたま映し出されていたのです。見始めのころは、すごく面白いというような印象はなく、なんだか変な番組をやっているなあと思ったくらいのものでした。初めて見たのは『212市町村カントリーサインの旅』だったと思います。それも、第三夜とか第四夜とかそういう中途半端なタイミングで、特にこれを見ようという意識もなく見ていました。

あるとき、たまたま二週間続けて番組を見ることがあったのですが、そのときにはちょっと画面に引き込まれる感じがあり、「居住まいを正す」とまでは言いませんが、画面に集中して見るようになっていきました。疲れて家に帰ってきてすぐに寝たいと思っていても、テレビで「どうでしょう」をやっていると、とりあえずそれを最後まで見てから寝支度を始める、という具合で、「手を止めて見る」という感じになっていったのです。

そうしている間に、だんだんと水曜日が『今日は「どうでしょう」のある日』というふうに変わっていきました。何だかわからないけれど、とりあえず見たい、というふうになってきたのです。これが「水曜どうでしょう」との出会いでした。これは当時北海道に住んでいた人の典型的な「どうでしょう」との出会い方なのではないかと思います。

やがて私は二〇〇〇年に北海道を離れ、京都へと移り住み、当時、北海道の一ローカル番組であった「水曜どうでしょう」とも一旦縁が切れてしまいました。そのころは、ほかの地域での再放送は始まっていたころなのだとは思いますが、まあ北海道から離れるのだから、「どうでしょう」も見納めだな、というくらいの感覚でいたように思います。

次の出会いは、その京都で大学院生として勉強をしていたときのことでした。一つは、ＫＢＳ京都で「どうでしょうリターンズ」の放送が始まったこと。そしてもう一つは、インプレスTVでインターネット上で番組が見られるようになったことです。

京都と学生生活との両方に慣れることがなかなかできないでいた私にとって、「水曜どうでしょう」がここで見られるということは本当に嬉しいことでした。遠く離れた場所で、かつて北海道で見ていた番組を見ることができるという要素もあったと思うのですが、いわば修業中の身として、決して楽ではない大学院生活のなかで「どうでしょう」を見ることで、なぜか心が穏やかになり、また次に向かう勇気が知らないうちに湧いてくるという不思議な体験をすることができました。

これは私だけの現象でなく、研究室の多くの大学院生が次々と番組にはまっていき、少なくない数の人が「耽溺する」と言うにふさわしいのめり込み方をしていきました。なかには、しゃべり方が大泉洋さんそっくりになってしまった人もでる始末でした。

やがて、私は京都市近郊の大学に教員として就職しました。臨床心理学の教員として大学生に授業をする立場になったわけです。

さて、臨床心理学のなかでは、研究の方法として、またカウンセラーの訓練・養成のための機会として、「事例研究」というものが行なわれています。これは、カウンセリングのなかで行なわれていることを順番に記述してゆき、そのことをもとに、そのカウンセリングのなかで何が起こったのか、カウンセラーの対応はどうだったのか、また、何が治療的契機として働いたのかといったようなことなどを検討していくものです。

採り上げるのは一つの事例だけなのですが、それを深く検討していくと、どういうわけか検討に加わっている別のカウンセラーの別のカウンセリングにも役に立つものが得られるという不思議な方法です。これを行なうときは、起こったことを途中の段階でまとめたりせず、何が起こったかをできるだけそのまま提示することが重要です。なぜかというと、まとめた人が重要だと思いもしなかったところに重要なことが含まれている可能性があるからです。

これはカウンセリングの世界では一般的に行なわれていることなのですが、私は、あるときふとこの方法は何かに似ているな、と思いました。ある長い道のりのなかで起きたことを、何が重要で何がそうでないかをその場では区別せずにそのまま記録していき、後からまとめて提示することで何らかの意味が立ち上がってくる。これは、「水曜どうでしょう」の作り方に似ているのではないか？　ということでした。

先ほど事例研究はカウンセリングの世界では一般的だと書きましたが、そうでありながら、方法論としてどういうふうにその研究を行なえばいいのかということは定まったものがあるわけではなく、また、一事例だけを扱うことから、「科学的でない」という批判にさらされることもしばしばです。しかし、現場のレベルとしては、この方法がとても役に立つということは実感されています。そういう方法と、「水曜どうでしょう」の撮り方とは似ているところがあるのではないか、と思ったわけです。

もしもそういうことだったら、とまずは作り手に話を聞いてみたくなりました。当時は私は単なる「どうでしょう」の一ファンでしたから何の面識もなかったのですが、だめでもともとと、ディレクターの藤村さんに手紙を書いてみました。本当に気合いの入ったファンレターを書くようなつもりで書いたと記憶しています。この気合いに乗っていただいたのか、藤村さんからお返事をいただき、ついに私の授業でお話をしていただくことになったのです。そしてその翌年には、藤村さんと嬉野さんに再び京都にお越しいただき、私と三人での鼎談の学内イベントを開くことになりました。

これらの話のなかで私はますます、「水曜どうでしょう」のなかで行なわれていることは臨床心理学のなかで行なわれていることととてもよく似ている、というふうに感じることになりました。基本的には直感的に思っただけですので、何がどう似ているのかまではわかりません。しかし、確かにそこには何かある。それを考えるために「水曜どうでしょう」のことをもっと深く知りたいと思った私は、そのイベントの終了後に、お二人に「インタビュー本を出させてください」とお願いをしたのでした。

このように、この話は私の側からの申し出で始まりました。一方、当時(二〇〇八年)の嬉野さんは、この番組について「自分たちは一体何を作ったのだろう」と思うようになっていたということを後から聞きました。なぜかこの番組のまわりに人が集まってくる。その理由は、何となくわかるようでいて、はっきりとはわからない。だれか学者が来て、解明してくれないだろうか? と思っていたということでした。

そんなことも知らずに、あるとき、のこのこと一人の心理学者が現われた、というタイミングで話が始まったわけです。こういういきさつで、臨床心理学の研究者としての私がこの番組にかかわるようになったのでした。

さて、この本で採り上げたいことは、主に二つあります。

まず一つ目は、「水曜どうでしょう」はなぜ面白いのか、ということです。単に面白いと言っても、ほかのテレビ番組や物語と面白さの質が違いますし、それだからこの番組が好きな人はとことん好きになり、何だかこの番組のことが、「身内」のことのように感じられているのだと思われます。

この特殊な面白さというのは何なのか、そしてそれがどういうところから来るのかについて考えていきたいと思います。

二つ目は、「水曜どうでしょう」の面白さはなぜ説明しにくいのか、ということです。好きな人がこれだけ好きなのにもかかわらず、なぜか、どうして面白いのかということについて、うまく語ることができない。

このことはおそらく、「水曜どうでしょう」の何らかの性質そのものから来ているのではないかと考えられます。このようなことを考えるために、一番初めに挙げた、『「水曜どうでしょう」の物語構造』について、いろいろな側面から話をしていこうと思います。

実のところ、どうして私が「水曜どうでしょう」がこれほど気になるのか、そして、

「水曜どうでしょう」と臨床心理学はどう似ているのかについては、未だにはっきりとした説明を考えついてはいません。さっき言ったような理屈は思いつくのですが、この理屈だけではまだまだ足りないように感じるのです。これについては、これからみなさんに「水曜どうでしょう」の物語構造についてお話ししていくなかで、私自身がわかっていくのではないかと期待をしています。仕事柄なのかもともとの性格なのか、どうも私は何かを話しながらでないとうまくものが考えられないようなので。

さて、少しばかり長い話になりそうですし、何回かに分けてお話をしていきたいと思います。どうぞ足を崩して、ゆっくりとおつきあいください。途中わからないところが出てきてもすぐにご質問に答えることができないのは残念ですが、わからないことをしばらく持ったままでいていただくと、最後までたどりついたところで何となくわかってくることもあるのではないかと思います。

それでは、「水曜どうでしょう」を考える旅に、一緒に出かけることにいたしましょう。

第1講

物語の二重構造

みなさん、揃いましたか？　よいですか？　はい、いいですね。それでは、今日の話を始めたいと思います。

今日のテーマは、「物語の二重構造」ということです。「水曜どうでしょう」の物語構造として、二重構造というものを想定しようというわけです。いきなり核心にきてしまいましたね。核心過ぎてわかりづらいと思いますので、説明のために、まず始めに、『「水曜どうでしょう」の不思議』についてお話をしていきたいと思います。

「水曜どうでしょう」の不思議

ホッとさせる番組

考えてみれば、「水曜どうでしょう」というのはずいぶんと不思議な番組なんです。ご存知の通り、とても人気のある番組だ、と言ってしまえばそれまでなのですが、それにしても単に人気があるというレベルをもう完全に逸脱しています。だいたい、本放送が終了して一〇年もたとうというのに、再編集のＤＶＤを出せば一〇数万枚も売れるというのはどう考えても尋常ではありません。

そして、その番組を見た人たちが感じる感想は、「面白い」というものはもちろんなのですが、「ホッとする」というのもかなり多いようなんですね。そう言っている私自身も、ずいぶんとホッとさせてもらったという記憶があるんです。

それから、伝聞ですしプライバシーのことがあるのであまりはっきり言うことはできませんが、カウンセリングの現場でも、ある一定数「水曜どうでしょう」のことが話題になっているようです。

また、HTB（北海道テレビ）の藤村さん、嬉野さんのところにも、いろいろなお手紙が寄せられているようで、そこでもずいぶんと「水曜どうでしょう」に救われた、とお礼を書いてくる人も少なくないそうです。

作った人すらホッとする

これは何も視聴者にだけ起こることではなくて、「水曜どうでしょう」は番組を作っているディレクター自身もホッとさせる効果があったようです。インタビューから抜粋してみましょう。ちょっと長くなりますが、できるだけしゃべっている本人のしゃべり方も再現するように表記をしてみました。これ以降のインタビューの部分もそうなのですが、通常の編集では整理してしまうくり返しや冗長なところ、語尾の言いよどみなども、できるだけ残しました。心理学の研究では、どこでくり返しているか、どこで言いよどんでいるかなども大事な情報なので、そういうものも込みで示しています。嬉野さんをご存知の方は、頭のなかで声を再現しながらお読みください。

嬉野　どうなんでしょうねぇ。……視聴者として見てるとですね、ほんとにその、ホッとしていく自分っていうのはあるんですね。『四国八十八ヵ所』っていう企画で四国に行って、編集をしていたんですよ、私。で、そのときにその、個人的になんか、鬱々と考えるものがあったんでしょうね、たまたま。それは重いものとして自分のなかにあったんじゃないでしょうか。で、そういう、なんかこう、「う〜ん……」っていうちょっと落ち込んだ感じで、その気持ちのまま編集してたと思うんですよ。で、そのとき、随分高い山の上にお寺があって、そこをどんどん、大泉君が運転しながら登ってたんですね。そのとき、大泉くんが、「ありがたいなぁ〜!!」って言うわけですよ(笑)。「あぁりがたいなぁ〜」とかって言いながら。それを僕はつないでいてですねぇ、おかしくてですね。そのなんかバカバカしくなり加減っていうのが半端じゃなかったので、「俺は一体何を悩んでたんだろうか」っていうのが解放されたような気がするんですよねぇ。

佐々木　ふん、ふん。

嬉野　そういうことがね、編集をしながら、ままあるわけなんですよ(笑)。自分のなかでだんだんバカバカしくなっちゃって、面白くなっちゃって。なんかこう、ヘトヘトになりながらね「もうやめようや」っていう、三人がですよ。車を運転しながらそれでもやめずに、山を登って寺に行くわけでしょう。それにしても「ありがたいなぁ〜!!」とか言ってるのが。ん〜、なんか突き抜けたっていうんですか(笑)、すごく面白かったですねぇ。それで編集しながら随分、気持ちが楽になったっていう。

嬉野さんがここで語っているのは、この場面を編集しているときに抱えていた何かしら鬱々としたものが、映像のなかで大泉さんが「ありがたいな〜」と繰り返し言っている場面を編集しながら、その半端ではないバカバカしさのなかで気持ちが開放されて楽になっていったということでした。

単に視聴者がホッとする、という感じだけでなく、実際に一緒に旅をしているディレクター自身が、編集するときにホッとした気持ちになっている。これは、この番組が人をホッとさせる力がよほど強いからだと思われます。

このホッとするということは、この番組を好きな人のなかでは共有されていることだと思います。でも、改めて考えてみると、どうしてこの番組が人をほっとさせるのかは、番組を見ているだけではよくわからないということに気づきます。だって、番組のなかにはそれだけで人をホッとさせる要素は何一つないんですから。

男四人が狭苦しい車内やら交通機関やらで移動を繰り返し、ときにののしりあい、ときにバカにしあい、優しい言葉をかける人の一人がいるわけでもなく、人を和ませるようなこころ温まるエピソードがあるわけでもない。出演者が料理を作ればまずいとののしり、自然のなかに出かければいやだいやだとごねる。行き先を出演者が知らないということだって、面白さという意味ではとても面白いのですが、ホッとするということからは縁遠いものがあります。

むしろここまでないないづくしだと、人をホッとさせそうな要素をわざわざ排除しているのではないかと考えたくなるほどです。

しかし、確かにわれわれはホッとしている。

嬉野　私、テレビは見ないとは言いつつも、うちにいて、やることが思いつかなかったら、テレビをつけてるんですよ。それで、カチャカチャとチャンネルを変えてるんですよね。で五時間とか見てるわけですよ。そうするとなんか「ああ……俺は一日こんなに無駄に過ごした」と思っちゃうんですよね。……けどなんか手前味噌かもしれないですけど、「どうでしょう」を五時間ぐらい見ても、見終わって、一日を棒に振ったという気にはあまりならないんですよね。だからなんかもらってるんだと思うんですよねぇ。なんか生きていく糧を。

——うーん。作った人ですら(笑)。

嬉野　作った人ですら(笑)。んー。だからそれは何なのかっていうのがありますね。

というふうに、「生きていく糧」をもらっている、という言葉が番組を作っている人から出てくるというような現象が起こっているわけです。これはなぜなのか。

編集のときにホッとする

これを考えていくためには、どうも嬉野さんが一番ホッとする瞬間というのが、実際に旅をしている現場ではなく、視聴者として放送されているのを見ているときでもない、編集という作業を行なっているときであるということがヒントになりそうです。

佐々木　すでに編集の段階でそうなんですね。
嬉野　そうです。編集の段階が一番大きいですよね。
佐々木　なるほど〜。
嬉野　編集ってなんか、いろんな試行錯誤っていうかその、組み合わせをやってるわけですよね。この組み合わせよりもこうした組み合わせのほうがもっと面白くなるかもしれないなっていうのが。
あのときはたとえば、ロープウエイで上がらなければならないお寺があって、ぼくはゴンドラのなかでずっと大泉君を引き画《え》（ロング・ショット）で延々と撮ってたんですね。そしたら、中間地点あたりでいきなりゴンという衝撃があって、ゴンドラが揺れましてね、そのタイミングで大泉君も大げさに倒れそうなリアクションをしてくれたんですね。そういうのが撮れていて。で、その後、ぼくはゴンドラの正面の窓に移動して、そこから進行方向の風景を頂上駅に着くまでずっと撮ってました。後日、そこを編集すると、その正面の映像に「到着のさい、多少揺れますのでお気をつけください」っていうアナウンスが入ってたんですね。それを聞いてて、本当は時間が前後しちゃうんですが、ウソなんですが、そのアナウンスをまず聞かせて、その後に、ゴンドラが揺れて大泉君が倒れこむ画《え》を直結させてみたら、多少の揺れどころか、バカバカしいくらい派手な衝撃が起きたように見えましてね、それが、アナウンスの澄ました感じとのギャップとあいまって、なんか笑っちゃったんですよ。あ、これおかしいなぁ、これいい、みたいなね。そうやって、つなぎのおかしさを探してるうちに気が晴れていくというか。鬱々とした気持ちでやりつつ、あるときにあの男に笑わされて、それじゃもっとこう、もっとこう、もっとこうしたらどうだって集中していくっていう。その過程で、やっぱりすごくもう楽になってしまっているっていうのがあったんです。編集の過程で一番救われてるんですよね。

飛躍する視点

蛇足ながら言っておきますと、この番組の面白さの大きな要因の一つは、もちろん大泉洋さんというキャラクターの面白さが大きくあるわけです。

今や日本中で知らぬものはない（というと大げさですが）大泉さんですが、有名になる前から、話の内容もさることながら、その節回しやリズムには本当に名人芸というものがありました。そして、この大泉さんの面白さは、単に言ってることや言い方が面白いというだけではなく、ある種の不思議な魅力があるように思うのです。

私が思うには、大泉さんの話の面白さの一つの源泉は、「視点の飛躍」にあります。ちょっとわかりにくいかもしれませんが、これはある話をしている流れのなかで、大泉さんが「今話している大泉さんの視点」から、「大泉さんを含む場全体を俯瞰する視点」へと、ポンと立ち位置が変わってしまうのです。このときに、えも言われぬ面白さが生まれます。この感じが、単に大泉さんの個性によるものなのか、それとも番組の構造と関係するのかは現時点ではわかりませんが、これもできたらどういうことなのかを知りたいということの一つです。

それでは、今言ってきた「ホッとすること」や、大泉さんの「視点の跳躍」がどうして起こるのかということについて具体的な構造を考えていくことにします。
が、のどが渇いてきましたので、ここで少し休憩を入れましょう。

「水曜どうでしょう」のなかの二つの物語

さて、再開します。

「二つの物語」という仮説

いきなりですが、ここで、一つの仮説を持ち込みます。まあいわば、さっきまで話してきたことを説明できる理屈を考え出そうというわけです。
私が考えついた理屈は、こういうものです。

『「水曜どうでしょう」のなかには、二つの物語が同時に流れている』

これを使って、いろいろなことを説明していきましょう。

まず、二つの物語というのはどういうことかを説明する必要がありますね。この二つに名前をつけるとすると、「物語」と「メタ物語」ということになると思います。話がややこしくなるので、わかりやすいように、今後はここでいう二つの物語の説明をするときは、カギカッコをつけて「物語」「メタ物語」というふうに言っていくことにします。

まず、ここでいう「物語」とは何かということから話していきましょうか。ここで言っているのは、番組のいわゆる「企画」に当たるものです。

たとえば、北海道の212市町村を全部回るであるとか、原付バイクで西日本を制覇するとか、オーロラを見に行くとか、そういったことですね。これは何も旅企画だけではなく、夏野菜を使って料理を作るとか、釣りの対決をするとか、そういうものも含まれています。

「水曜どうでしょう」の面白さの一つの源泉は、この「物語」の目標設定にあることは間違いありません。たとえば、サイコロを振ってその出た目によって行き先を決めて、最終的には札幌に帰る、などという企画の設定は、それを聞いただけで見ている人のなかでストーリーが動き出しそうな面白さがあります。

通常、「水曜どうでしょう」という番組で何をやっているかを考えるときには、この「企画」をやっているというふうに受けとられます。「水曜どうでしょう」にはそのほかに何かあるんですか？　と聞かれそうにすら思えます。

そこで、もう一つの物語とはどういうものかを説明していきましょう。もう一つの「メタ物語」が、この番組の上には流れているというのが私の考えです。ここでいうメタ物語の「メタ」とは、「より上位の」とか「～を超える」とか、そういった意味の言葉なのですが、ここでは単に上位の物語ということではなく、「物語についての物語」ということになります。

つまり、そこで進行している物語そのものについての物語ということです。ややこしいですね。

「水曜どうでしょう」に流れている「メタ物語」とは、ひとことで言うと、先ほど「企画」という言葉で説明した「物語」を撮りに行っている男たちの物語、ということになります【図①】。企画を旅企画に限定するなら、「物語を撮るため

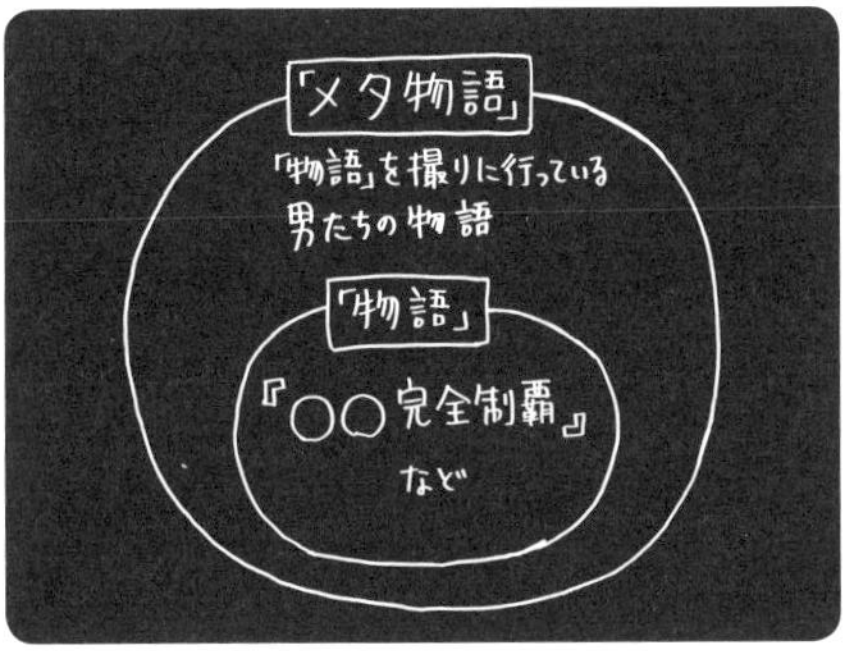

図①

に旅に出て、そこで右往左往する男たちの物語」ということになるでしょうか。そして、実際に「水曜どうでしょう」の番組として流れているのは、先ほど挙げた「物語」としての企画ではなく、この企画を成立させるために四苦八苦したり右往左往したりする男たちの物語のほうです。そして、「物語」のほうはそれをやっていることがわかりやすいですが、「メタ物語」のほうはそれが眼前で展開しているにもかかわらず、そのストーリーがあるということそのものが気づかれにくくなっています。

これが、重要なポイントです。目の前で見ているのに、意識されないんです。この二つの物語が並行して進んでいるのですが、片方は見えにくいわけです。

二つの物語の関係

では、この二つの物語はどういう関係になっているでしょうか。もちろん二つの物語は無関係に、バラバラに進んでいるわけではありません。

これを考えていくと、この二つの物語の関係そのものにも、二つの次元があることがわかります。まず一つ目は、「物語」の外側に「メタ物語」がある、という関係です【図①】(三一ページ)。

「物語」は、文字通り進んでいきます。たとえば、『四国八十八ヵ所』という企画を例にとって考えてみましょう。この企画の「物語」は、タイトルの通り四国八十八ヵ所のお寺を(一応)全部回る、という企画になっています。そして「メタ物語」のほうは、「『四国八十八ヵ所を回るという物語』を撮影するために、疲れや、場合によっては恐怖にさらされながら旅を続けている様子」、ということになります。

このように、撮られている「物語」は、「メタ物語」の題材としてその一部になっている、という関係があります。「物語」は「メタ物語」に含まれている、というふうな言い方もできると思います。

さて、この二つの物語の関係に「視聴者の視線」という要素を加えると、また別の関係が見えてきます。「メタ物語」では「物語」を撮影しているわけですから、「メタ物語」の世界が「物語」の世界を見ているという関係があります。「メタ物語」の登場人物のカメラが「物語」を対象として「見て」

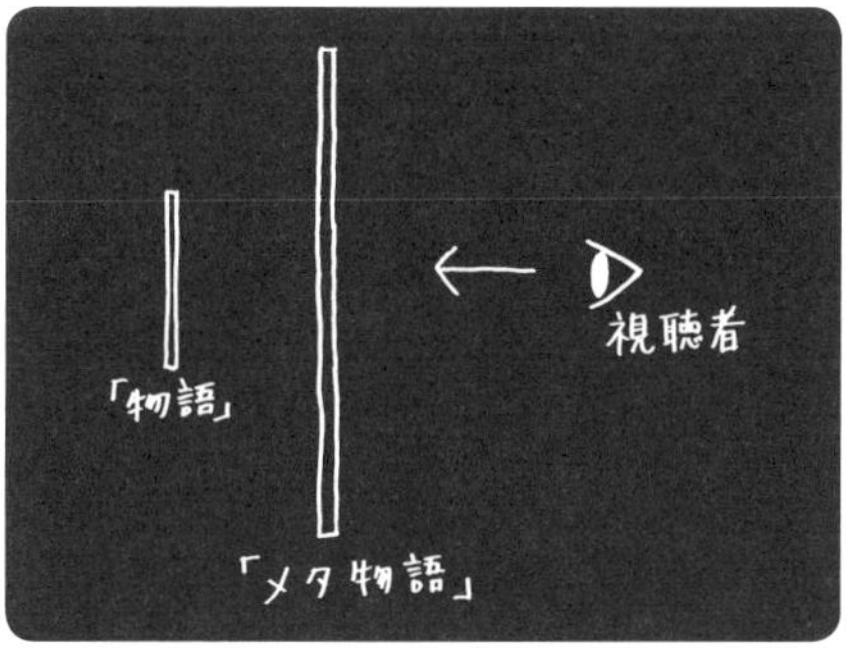

図②

いるということになります。この「見る‐見られる」関係というのは、番組と視聴者の関係とも重なることになります。つまり、「見る‐見られる」関係という線上に置けば、【図②】で示したように、視聴者‐「メタ物語」世界‐「物語」世界というふうに、一直線に並べることができます。「メタ物語」は「物語」を見ていて、視聴者は「メタ物語」と「物語」の両方を見ている、という関係です。

この「物語」と「メタ物語」の二つの次元を両立させると、【図③】のようになります。視聴者から見ると「物語」は「メタ物語」に含まれて見えますが、見る見られるという関係からいくと「物語」と「メタ物語」は並行して二つの世界としてそこにあるということになります。

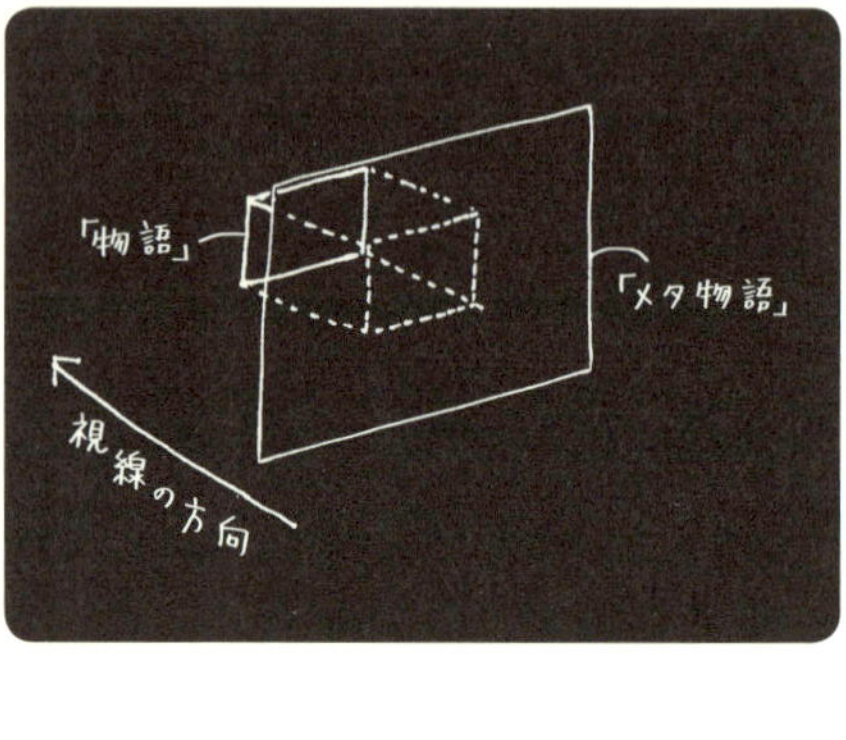

図③

どっちにしても面白い

こういったことを考えるようになったのは、嬉野さんのインタビューをしたときに語られた言葉が一つのきっかけになっています。嬉野さんは、一回目のインタビューのときに、こういうことをおっしゃっています。

嬉野　カメラのこっちにいる人間も、出ちゃってますから——。そういう意味では、「二人だけがこういう旅をしました」っていう作りではないんですよね。それはだからずるいっちゃずるいんですよねぇ。こっちの存在感をずいぶん、頭っから出して。そうすると、藤やんがよく言うみたいに、失敗がないんですよね。あるところを目指そうっていうもくろみがあって、期待値を上げながら行って、その期待値通りにいかなかったにしても、「残念だったね」っていうふうに終わるとそれもおかしいっていう。

佐々木　そうですねぇ。

嬉野　最初っから全部手の内を見せてやってるから、どっちに転んでもやっぱりそれが成立してるっていう、ずるいやり方なんですよね。

「ずるい」という言い方をされてますが、これがたぶん「うまい」ところなのでしょうね。「二人だけがこういう旅をしました」というのは、先ほど言った「物語」に当たるわけですね。テレビ番組としてはこれだけでも成り立ちます。ところが、「カメラのこっちにいる人間も、出ちゃっている」、つまりカメラのこっち側にも世界があるということを始めから示しています。この「物語」＋「カメラのこっち側の世界」の全体がストーリーとして流れている。これが、「メタ物語」です。

「藤やんがよく言うみたいに」と言っていますが、それはたとえば、私が初めて藤村さんをお呼びした授業のときのこんな会話からも窺えます。

ここで出てくる「サイコロ」というのは、次の行き先を決めるのにサイコロを振って出た目に応じてフリップに書かれた目的地に向かい、最後は札幌に帰ることを目指すという『サイコロの旅』企画のことを指しています。

佐々木　『サイコロの旅』の最後のほうになると、「チャンスタイム！」とか言って、基本的には札幌に戻れる流れを作る。あの、「チャンスタイム」は六つのうち三つまでするのか、四つまでするのか、あのへんっていうのは、その場その場で考えていくんですか？

藤村　何でしょうね。別に札幌に戻ろうが、戻れまいが、そのことを僕自身が面白いと思ってないんで。どっちに行ったって、別にいいと思ってる。あっさり終わってもかまわないし、終わらないんだったら、ギリギリ帰れるぐらいの目的地を二つ、三つ書いとくだけでいいだろうっていうんで。結果は重視してないんです。あの段階で。根本の目的っていうのはもう、すでに達成されているから。二泊三日の間に、電車やバスに乗るだけ乗らせて、彼らを疲れさせればいいな、っていうだけで、結論がどうなろうとも、それはもういい、というか、それはもう、落としどころですね。うん。

佐々木　そのハプニングっていうか、最後の締め方が難しいのかなって思うんですけど。

藤村　いや、うちの場合、シメはドラ一発ジャーンっと鳴らして「はい、終了」っとなれば終われるというような、保険が自分のなかにあるんで。それも、あれですね〜。ケツをきれいにまとめようと思うと、真ん中がケツに向かっての説明になってしまう。それが僕は非常に無駄なような気がして。

佐々木　はい、はい。

藤村　物語でもなんでも、物を作るときでもそうだけど、その間の段落を積んでいくことが面白いのか、結論でストンと落とすことが面白いのか、そのどっちかだと思うんですよ。両方求めるのは無理があるような気がして。で、僕らがやってることってたぶん、最後にストンと落ちるんじゃなくて、もう、日常の積み重ね。で、どれだけ面白いこと……やれるか、ってだけなんで。だからケツは案外気にしてない。

この話はかなりわかりやすいですね。

『サイコロの旅』の話をしているのですが、旅の最後、タイムリミットがあって、サイコロの六つの選択肢のうち三つか四つが札幌にそのまま帰るというチャンスタイムのボードになるということがあります。前の会話で、私は始め、この選択肢のうち四つを札幌にするのか五つをそうするのかのさじ加減の話を切り出しているのですが、問題はそういうところにはなかったようです。

「物語」的に言えば、見事札幌に帰る目を出せるかどうかが問題になってくるわけです。「物語」的には帰れるか帰れないかが問題なのですが、「メタ物語」的に、「物語」を撮ろうとして右往左往する男たちの物語だと思えば、撮っている「物語」の結末がどうであれ、撮ることはできるわけです。

サイコロシリーズでいうと、『サイコロの旅2』では最後に和歌山に、『サイコロ4』は博多に、『サイコロ6』は高知に向かって、つまり札幌に帰れずに終わります。また『サイコロ5』では札幌まで飛行機の直行便で帰れますが、『1』と『3』はそれぞれフェリーです。「物語」的には『2』、『4』、『6』は札幌に帰ることに失敗したということになり、それが面白いということになりますが、「メタ物語」的に見れば、帰れても帰れなくてもどちらでも面白い物語が撮れた番組として成立するわけです。何しろそこまで、何日も旅を続けて出演者が疲れ果てているのですから、ここでどんな結末になろうが面白いものになることには変わりないのです。

つまり、一見すると、「水曜どうでしょう」は「物語」が破綻するというのが面白さだというふうに見えるわけですが、実は『「(破綻した、あるいは破綻していない)物語」を撮っている』という状況そのものがすでに面白い、ということになるでしょう。「物語」的に成功したらそれはそれで面白いし、「物語」が失敗したら、『「物語」が失敗しました!』ということを撮ることには成功するわけです。どちらに行っても必ず成功する。そういう仕掛けになっているのです。

二重構造のわかりにくさ

一つ例を挙げて説明しましょう。前に書いたような、「物語」と「メタ物語」の構造というのは、言われてみれば「そうだ」または「そうかもしれない」と思えるようなものだと思うのですが、言われてみないと案外気にしないものでもあると思います。

この構造というのは、意外にわかりにくい。これがなぜわかりにくいものなのかについて、具体的な企画を挙げて考えていきましょう。

採り上げるのは『四国八十八ヵ所完全巡拝』の一回目のシーンです。この回は、『クイズ！　試験に出るどうでしょう』というクイズ企画で合格できなかった大泉さんが、罰ゲームとして四国八十八ヵ所を回るというものです。その一部を取り上げます。一つ目のお寺である霊山寺の駐車場で、大泉さんは気合十分にこぶしを握って、勢いよくこう宣言します。


「(一礼した後) 受験生の諸君！　君たちの、合格を祈って、このわたくし、大泉洋が、えー、若輩ながらぁ、あんたたちの合格を祈願して、じゃあ今から、四国八十八ヵ所全部、回りたいと思っています。えー、一月一八日、負けるな受験生！　一番から、行きます！」(背景にゲラゲラと終始響く藤村ディレクターの笑い声)

次に、画面全体が字幕となり、黒地に白文字で「❶」と出た後、場面は霊山寺の参道に変わっています。そこで直立した大泉さんだけが画面に映っていますが、そこに藤村さんの「はい3、2、1、はい！」という声が入ります。そして、カメラに向かって大泉さんが「一番、霊山寺！」と叫ぶ。次にまた黒地白文字の字幕「❷」が入り、お寺の名前が書いてある門の前で、直立した大泉さんが「二番、極楽寺！」と言っている場面に続きます。

二番まで行ったところで、次の場面は移動する車のなかに変わります。そして、そこでの会話が続いていきます。大泉さんが車の後部座席にだらりと座っている画《え》が映っています。

藤村「いくつ終わった？」（まじめな声で）
大泉「あー？」（ふてくされて）
藤村「いくつ終わった？」
大泉「（あくびをしながら）ああ、二つ。よしよしよしよし（笑）」（自らを鼓舞するように、小芝居風に）
藤村（大泉さんを鼓舞するかのような笑い）

大泉「いいペースだぁ」（まじめに）
藤村「一時から始めて、今一時二〇分だから、一個一〇分ペースですよ」
大泉「はい」
藤村「このペースを守って二〇やれば、約三時間ちょっとで終わりますよぉ」
大泉「そうだね」

という具合に、車窓風景に会話がかぶさっていきます。そして、ひとしきり今日は早く終えて温泉に入りたいという会話が続いた後、車は三番札所に近づいてきます。

藤村「はいはい、もう三番札所ですよぉ」
大泉「もう着いたのかい！　よーし」
藤村「よぉー」
大泉「よぉー」
藤村（笑）
大泉「行こう行こう！」

藤村「おお、いいじゃないかぁ。うーん」
大泉「よしよしよしよし。もう祈り倒してやるんだ！」（やけくそ気味）
藤村（強めの笑）
大泉「よー！」（気合い）

ここから、二番目までと同様に、一一番札所まで字幕＋寺の名前を叫ぶ、というのが続きます。途中で『昼食！』と言ってうどんをすするシーンが差し挟まれ、一一番札所まで行った後、再び車内です。画面は車窓ですが、だいぶうす暗くなっていて、夕方近くであることがわかります。

大泉「もう何個まわったっけか？」（以前よりもだいぶ投げやり）
藤村「ああ？」
大泉「あ？」
藤村「あ？」
大泉「何個まわった？」

藤村「――ですよ」
大泉「ねー」

という具合に話が進んでいきます。
では、このなかでどこが「物語」でどこが「メタ物語」なのかを検証していきましょう。

この引用部分の始めの「受験生の諸君！」というのは「物語」になります。四国八十八ヵ所を全部回るという企画の中核部分です。ここから「行きます！」のセリフ、そして「❶」の黒地白文字のテロップのカットが入るところも「物語」に入ります。
次のカットの冒頭、藤村さんのキュー「はい3、2、1、はいっ」というのが入ります。この部分、一瞬だけ「メタ物語」になっています。単に企画だったら、このコールは必要ないですよね？　これが入ることで、これは「物語」を撮っている男たちの物語なんだということが一瞬だけ示されます。また、その前の大泉さんの語りのバックで終始流れている藤村さんの笑い声も、同じような機能を持っていると考えられます。

　すぐに「一番、霊山寺！」と「物語」に戻っていきます。二番まで回ったところでカットが変わって、大泉さんの「いくつ終わった？」でまた「メタ物語」に入ります。このあとしばらくそのなかで会話が続き、「もう、祈り倒してやるんだ！」に藤村さんの笑い、大泉さんの「よー！」でカットが変わってまた「物語」に入っていきます。一番まで回って、「何個回った？」でまた「メタ物語」入りです。

　この短い場面を見ただけでもわかる通り、「物語」と「メタ物語」はカット割りをきっかけに変わることも多いですが、同じカットのなかで入れ替わるということもまたあります。カット割という合図があってもなくても変わることがあるわけです。また、この『四国八十八ヵ所完全巡拝』の企画は、その前の『試験に出るどうでしょう』から引き続きロケを行なっていることもあって、一番始めは「メタ物語」である車内のシーンから始まっています。

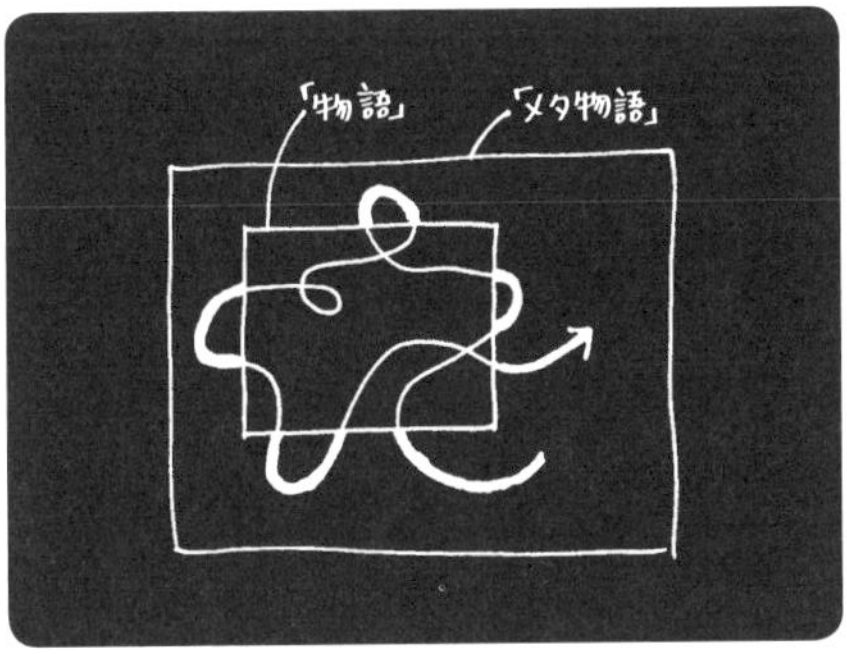

図④

このように、入れ替わりのタイミングがわかりにくいのと、始めからメタ物語で始まることもあることから、この二つの物語があることがわかりにくいのではないかと私は考えています。これを模式的に描くと、【図④】のようになります。

なお、典型的な企画の流れは、〈HTB駐車場での企画発表（物語）〉－〈新千歳空港に向かう車内でのトーク（メタ物語）〉－〈飛行機による移動中の睡眠、食事（メタ物語）〉－〈現地に着いての「さて、ここは……」という企画開始を宣言するトーク（物語）〉というふうになっています。この流れは、ファンのみなさんだったらおなじみですね。通常の番組であれば、この「物語」部分だけをつなげていっても番組としては成立するのです。

現場ではわかりにくい二重構造

こんな感じで番組が進んでいくので、この形になじんでいる四人はいいのですが、たまに撮影に参加する人は戸惑ってしまいます。その人が通常のテレビ番組の撮影に慣れていればなおさらのことです。

ユーコン川の川下りをする『ユーコン160キロ』では、リバーガイドの熊谷さんが、始めのころは撮影中に出演者とディレクターが両方ガンガン話しているのを見て「撮影されてるときって私しゃべっていいんですか？」「ディレクター……俳優さんなんですか？」としきりに気にしています。

それはそうですよね。普通は企画を、「物語」を撮影に来るわけですから、それを成り立たせるスタッフはあまり「物語」そのものには入らないというのは常識的なことでしょう（ガイドさんが正面切ってしゃべる場合もありますが、その場合はガイドさんも明確に出演者として位置づけられています）。

しかし、その熊谷さんもこの仕組みに慣れていくにしたがって、撮影中に大泉さんにものまねをリクエストしたり、大泉さんがクイズ番組のものまねをしているときにその内容の正確性についてどんどん突っ込んだりしていきます。この番組の形を飲み込んでいったのですね。

もう一つの例は、二〇一一年の作品、『原付日本列島制覇』のなかで語られたエピソードです。『四国八十八ヵ所Ⅲ』で番組に参加したTEAM NACSの森崎博之さんが、『「どうでしょう」の旅はあんまりおもしろくないなぁ』と言っていたそうです。このことは、番組のなかでは、「そうそう頻繁に面白いことばかり起こるわけではない」

という意味で語られていました。しかし面白くない理由のもう一つは、撮影現場にいると「メタ物語」の部分がなかなか見えてこず、「物語」部分に引きずられてしまうということがあるのではないでしょうか。できあがった番組を見たときの面白さは、「物語」だけを意識しているとよくわからないのかもしれません。これは、前にお話しした、嬉野さんは撮影の現場にいるときよりも編集しているときのほうがホッとする、という話と通じるところがあります。

実際に現場で撮影しているときには、この二重構造は見えにくいというのは、納得のいく話だと思います。嬉野さんの場合は、完成して放送された番組を見るときよりも、編集しているときのほうがホッとするということですから、これとはまた別の要素があるのでしょうが。

藤村さんのもう一つの視点

チーフディレクターである藤村さんは、撮影現場でそういうことを意識して撮影を行なっています。

藤村　たとえば温泉に入ったときにね、大泉くんが「うぇ〜〜!!」って声を上げますよね。「始め〝うぅえ〜〟を若干長めに」とか、僕、意外と細かいことを言うんですよ。それで大泉君は「あぁ……やるの?」っていう感じで「うぁ〜〜!!」とかってやるんだけど、「あぁ違うなぁ。大泉さんちょっともう一回やってください」とかって、「こう〝う〟、〝う〟からもうちょっと長く」とかって。「うぇあ〜〜!!」って。だんだんあいつもテンションが上ってきて。

でもあれ一連の流れでやってるわけじゃなくて、たまに俺が「ちょっと違う」とかって言うわけじゃない。そうするとあいつはもうダメなんですよね。もうわからないんですよ、あいつは。あいつはやってるだけだから。でも僕は、つなぐ(編集する)ときのイメージがあるから。つないでいるときのイメージって全くないからわからないっていうだけで。だからつなぐとたぶんわかるんだけど。つないだときのイメージっていうのを、タレントは、特にああいう意味がないものに関しては、わからないですからねぇ。それはもうつなぐっていう前提で、やってるからたぶんわからない。嬉野君もそういうとき、ただ単に笑いとしてわからんってときもあるし、僕のつなぎも、嬉野君はわからんっていうときがあるから。ま、それは、本当に稀ですけどね。そういうことはあります。俺が見てんのは、その現場じゃなくて、意外とその現場を画面として切り取って笑ってるんですよ。大泉は話が単純に面白かったらそれに対して笑ってるけど、そうじゃなくて、状況として面白い場合には、彼の言ってるセリフとか彼の面白さじゃなくて、それを含んでる全体の状況と画面の画角を見て、自分で笑ってるから。う〜ん、ちょっとたぶん見方は違うんでしょう。

佐々木　藤村さんは、その場でない目から見てるんですね

藤村　そうそうそう。その後のことで笑ってる。その後加工して自分でやることの最終形を見て笑ってるっていう。それを想像して笑ってるのかな、想像して、それができたぁと思って。

少なくとも藤村さんは、目の前で行なわれている物語とは違う視点で見る目も持って撮影に臨んでいるようです。さらに、具体的な場面でそういうことがあったかどうかを聞いてみました。

藤村　大泉君なんかは、温泉でね、声を〝わー！〟って上げるなんていうのは今でもわ

からんって、言うし。それから、ベトナムをカブで縦走したのときに、俺が「ニャンです」ってガイドさんの名前をしつこく言ってるの、あれも大泉君はわからん、ニャンが何であんなに面白いのか。嬉野先生もわからんって言ってるし。俺だけが、あれ面白くてしょうがなくて。っていうのはよくありますよ。嬉野先生がわからないなんて言うのはね、大泉君のキャラクターで、最初に登山家（に扮するキャラクター）をやったときに、「何が面白いのかわからん」って、あんまりカメラ回さなかったし。

二重構造という仮説を受けいれる

さて、ここで考えておきたいのは、藤村さんは二重構造ということが始めから頭にあってこういう撮り方をしていたのか、ということです。つまり、二重構造があるのではないかと私が言ったというのは、藤村さんがもともと考えていたことを私が言い当てたということになるのでしょうか。これについては、この構造について藤村さんや嬉野さんに初めてお話ししたときの様子をここに載せておきましょう。

藤村　僕も、感覚ではそういうことはわかってたんだけど、話を聞いて、「なるほどなるほど」と思ったんですよ。一つの見方ですよ、それは。それは完璧に説明してるわけではないけど、一つの見方として、あ、そういう見方もあるな、と。だから、話を今日聞いてても、これですべてが説明できるとは頭ん中で思ってないんですよ。

佐々木　うんうん。

藤村　でも、なるほどそういうふうに、こういう切り取り方っていうか見え方があると、わりとそれだけで、その部分はなんかすっきりする。こう、まあどうせわかんないじゃないですか(笑)。どうせわかんないけど、そこに何となく串を刺したような感じで、そうするとなんか、「あ〜、ここ美味い！」みたいな、そういうそのくらいの感覚だよね。

佐々木　なんかこう、ツボに……。

藤村　そうそう、ピッと入っていくっていうね。だから、ツボがもしかしたらまあ全体をちゃんと説明しているのかもしんないし、だからといって、じゃあそれはほんとにやってるかというと、ツボの部分を押してるだけで、ほかのところは違うかもしんない、と。

佐々木　たぶん、別のツボもあるんですよ。

藤村　別のツボもあるんだろうね。そらもちろんあるんだろうね。そうなんだよ。

佐々木　うん。

藤村　二重構造っていう説明の仕方じゃない説明も、たぶんある。それはある。

佐々木　それはそれで「なるほど」っていうのはあると思うんですよね。

藤村　そうそうそう（笑）。じゃあ何のためにそういうことを研究したんだってことになるかもしれないけど。

佐々木　（笑）

藤村　でも、そういうふうにものごとを、全部が解決しないけど、ある一部分の見え方っていうのを提示するっていうことで、まあ曲がりなりにも気持ちよく、その、ものの整理がつくっていうか。

佐々木　うん。

嬉野　やっぱりおれ、何を面白がっているかっていうことをやっぱり、ここでこうもういっぺん作業に乗せるっていうことだと思うけどな、大きいのは。「面白がるっていうのは何なのか」っていうことなんだと思うな、これって。

藤村　そうねえ。客にとってはほんとに、これを聞いたときには、あーそれで面白がってるんだっていうことを再確認できる作業には非常になるよね。

ディレクター陣の受け取り方というのはこういうことでした。つまり、この仮説で全部が説明できるとは言わないけれども、確かにこれを考えると「水曜どうでしょう」というものを考えるのに整理がつく、という感触はあったようでした。

私としては、こういう感想が一番嬉しいんです。この仮説が正しいか正しくないかというような話になってしまうと、それは前提としてどこかに正しい答えがあるんだということを受けいれていることになってしまいます。でも、こういうふうにお話を理解しようとするときに、正しい正しくないという考え方はあまり意味がないんじゃないでしょうか。それよりもむしろ、ある仮説を採用したときに、どれだけアイディアが広がるか、どれだけこれまでしていなかった考えがでてくるかということで仮説を評価すればいいんじゃないかと思うんです。

そのあたりは、藤村さんとも嬉野さんとも共有ができたんじゃないかな、と思っています。ということで、「物語の二重構造」という考え方は、少なくとも「水曜どうでしょう」を理解するための有効なツールではありそうです。

さて、話がだいぶ長くなってしまいました。今日のところはこのくらいにしておこうと思います。次回以降は、今回持ち出した「二重構造」を使って、この構造で考えると何がわかるのか、どういうことが説明できるのかについてお話ししていこうと思います。また、この構造を使うことで「水曜どうでしょう」の面白さや、どうしてホッとするのかということについても考えていけたらと思います。

最後まで眠らずに聞いていただいて、ありがとうございます。頭が疲れたかもしれませんので、どうぞお気をつけてお帰りください。

第2講

世界の切り取り方と世界までの距離

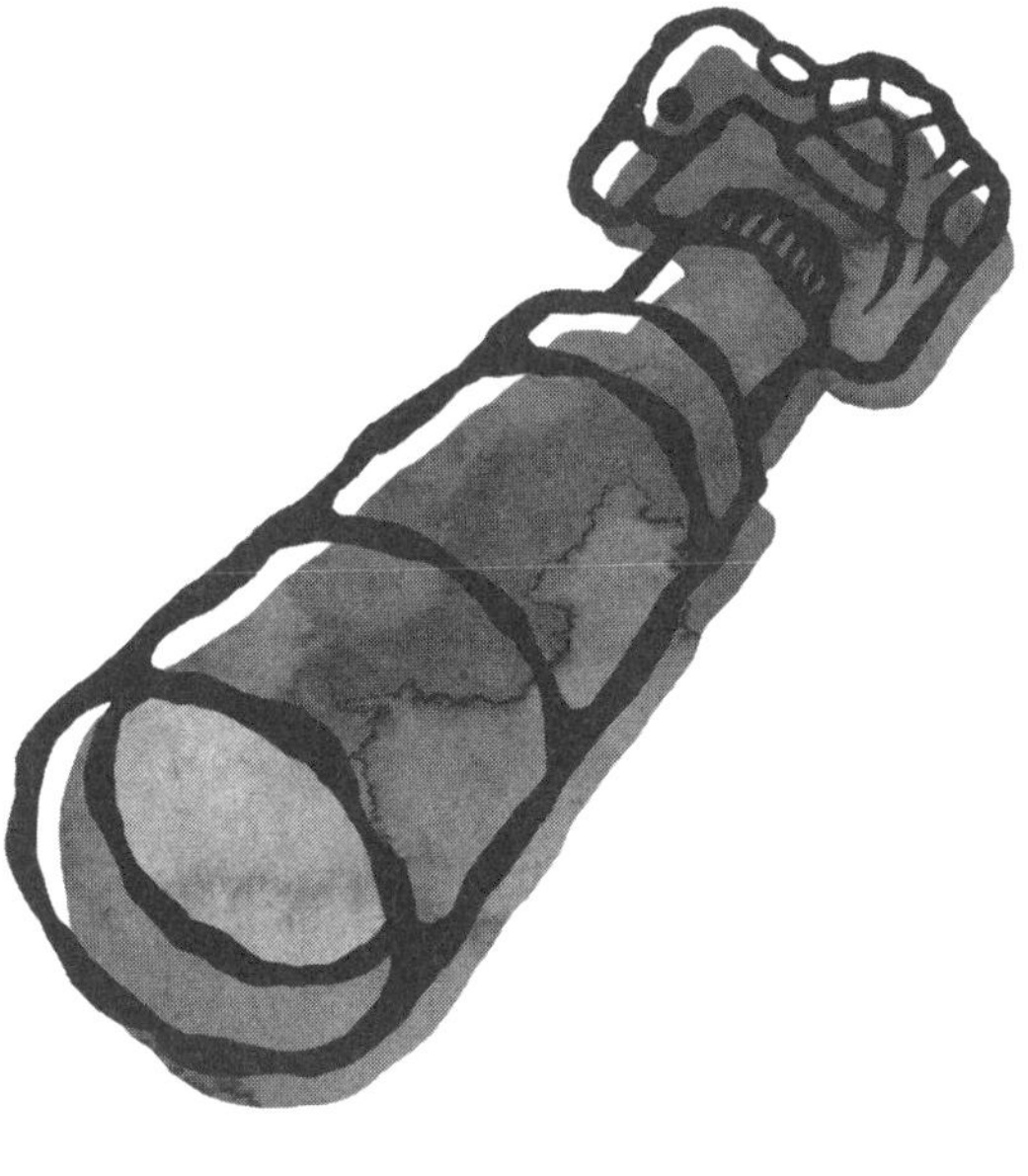

さて、こうやってご挨拶するのも三回目になり、みなさんも話をだいぶ聞きなれてきたのではないかと思います。だいたい三回目くらいから、「いつもの」という感じが出てくるものですよね。座る席もみなさん何となく決まってきたのではないでしょうか。もし座る席がもう決まっていましたら、この講座はあと四回ほどありますから、そのうち一回くらいは別の席に座ってみてくださいね。そこから何が違って見えるのか、席が変わったくらいではあまり違いがないのか、そのあたりのことが今日の話と関係してきます。

前回の話では、「水曜どうでしょう」の物語は二重構造、つまり「物語」と「メタ物語」の二つが同時に走っているというふうに考えると、面白さが理解できるという話をしました。この話、いかがでしたか？　なるほど、と納得したでしょうか。それとも、そう考えるのは不自然じゃないかと思われたでしょうか。

いずれにしてもこういう話というのは、それが「正しい」「正しくない」という話をしてもあまり意味がありません。なぜかというと、正しいか正しくないかというのは確かめようがないからです。ただ、そのように考えたときに、もしいろいろなことがうまく説明できるのなら、それは正しかろうが正しくなかろうが、役に立つものの見方だということになりますね。ですから、これからの話も（これまでの話もですが）話半分にして聞いていってくださいね。何にせよあまり目くじら立てるっていうのは「どうでしょう」には似合わないですから。

今回は、もしこの物語に二重構造があるとして、実際の撮影のレベルでその構造を可能にしているものは何か、ということについて採り上げていきます。これは、この構造を成立させている仕掛けということになるかもしれません。二重構造を成立させているのは何なのか。それについて考えていきましょう。

フレームとカメラを動かさないこと

具体的に二重構造を成立させているものを考えるために、実際に撮影のとき、どんなふうに撮っているのか、何にこだわり何に注意しているのか、ということから話を始めていきましょうか。

徹底して動かないフレーム

「水曜どうでしょう」のカメラワークの大きな一つの特徴は、「カメラが動かない」ことです。この「動かない」というのは、撮影者が動かないままにカメラの方向を変えることはしない、ということを意味しています。いわゆるパンをしない、ということですね。さらに、映っている人が動いても、カメラはそれについて動くことは原則的にはしないということでもあります。映っている人(出演者)が動いているのにカメラが動かないと、画面のなかでは出演者が動き回り、そして場合によっては画面から出ていってしまいます。それでも、出演者を追いかけたりはしないわけです。

ここでカメラを動かさないということが特徴としてよく出ている、具体的な場面をいくつか挙げてみましょう。

まずわかりやすいのは、カメラをはっきりと固定して撮っているシリーズものです。『原付』シリーズ、つまり、『東日本』『西日本』、『ベトナム』と二〇一一年の作品である『日本列島』の四つのシリーズは、大泉さん、鈴井さんの二人が原付に乗って何日もかけて長距離(東京→札幌、京都→鹿児島、ハノイ→ホーチミン、東京→高知)を移動するという企画ものです。

これらの企画では基本的に、原付で走る鈴井さんと大泉さんの後ろ姿を後続の車のなかから撮影しています。このシリーズの際立った特徴として、走行中は出演者の顔が映ることは決してありません。大泉さん、鈴井さんは後ろ姿と声だけが、藤村さんは(いつものように)声だけが入っていて、話している人のほうにカメラが向くということがないのです。

これは単に「淡々と同じ画角で撮影している」ということではなくて、仮にカメラの目の前で大きな事件が起こったとしても、そのことにカメラをことさらに向けたりはしません。『東日本』では、大泉さんの原付が、発進時にギアチェンジのミスで前輪を持ち上げながら「安全第一」と書かれたバリケードに突っ込んでしまう、ファンの間では「だるまやウイリー事件」として親しまれている事件が起きました。このシーンは有名ですから、特にどうでしょうファンの方はご覧になっていると思います。幸い大きな事故にはならなかったものの、驚くような出来事であることに変わりはありません。しかし、このときも撮影者である嬉野さんのカメラは、車外に出て大泉さんに寄るということはしていません(藤村さんも車内にいたままですが)。ですから、このカメラの動かなさは、単に何も起こらないので動かないのではなく、何か起こっても動かない、「強固な動かなさ」だと言うことができます。

それから、完全にカメラを地面に据え付けてしまって、文字通り全く動かないという例を見てみましょう。これで代表的なのは、氷上ワカサギ釣り対決『釣りバカ対決第2弾！　氷上わかさぎ釣り対決』『釣りバカ第3弾！　わかさぎ釣り対決Ⅱ』と、夏野菜スペシャル『シェフ大泉　夏野菜スペシャル』の前半の畑の開墾部分です。

「水曜どうでしょう」といえば旅番組という印象が強いなかで、このワカサギ釣り対決は撮影場所を全く移動しない希有な企画です。やっていることがワカサギ釣りですから、湖に張った氷に穴を開けてしまえば基本的にそこを離れるわけにはいきません。これほど移動がないのは、これ以外は『シェフ大泉　クリスマス・パーティー』くらいでしょうか。ともかく、このなかで釣りをやっているときには、基本的に固定カメラで正面から釣っている姿だけを撮っています。

もう一つ、夏野菜スペシャルのほうでは、前半は畑を開墾するのですが、ここでもカメラは据え置きになっています。どちらの企画も長時間その場を動かず、基本的に同じことを続けてやっています。

この二つの企画の共通点は、何か出演者がアップになったほうがいいことがあると、当然ズームも使っていませんから、出演者のほうがカメラに近づいてきてその前で話をすることです。釣りバカでは大泉さんが差し入れのお酒を紹介したり、二匹同時に釣り上げた人がその特典として「行進」をしたりということがありますし、夏野菜スペシャルでは大泉さんが額から血が出ていることを見せに来たり、手にマメができたことをアピールしたりということがあります。

このように特別なことが起きたとき、出演者のほうがカメラに寄ってくると何が起きるかといいますと、アップになっている人の背後では、それまでと同じように釣りや開墾が続いているということになります。アップになっている人だけの話にはならないんですね。

話を切らないために動かさない

さらに、カメラの画角を動かさない例を挙げてみましょう。『クイズ！ 試験に出るどうでしょう』のときのエピソードを、今度は嬉野さん自身の言葉から示すことにします。

嬉野　一九九九年に、『クイズ！　試験に出るどうでしょう』というやつをやって、「天井川」とかっていうのを見に行こうということになったんですよね。天井川って言っても、今はトンネルが国道になっていて、その上を川が流れているわけですよね。

佐々木　はいはい。

嬉野　そこを車で行くんですよ。「さあ大泉さん！　現場近いですよ！　さあ大泉さん！」とか言うんですけども、大泉くんには天井川がわかるわけないんですよ。走ってるトンネルの上が川なんだから。わかるわけないのに「さあ大泉さん！」と藤村君が言っている。カメラは車窓の前進の風景をずっと撮って。で結局、トンネルを通過してもわからない。「じゃもう一回やります、もう一回行きますよ！」と、行くんです。「さあ大泉さん！　さあ大泉くん来た！」とか言ってこう、ずうっと。わかるわけないんですよ。それを三回ぐらいやって、ひとっつも大泉君が答えないから、藤村くんが「あのね！」とか言ってハンドル切って、途中にあった空き地へ、入っていくんです。その間もずうっとカメラは前を見ているので、国道から外れて、荒涼とした空き地に入っていくっていう画《え》のまんまなんですよ。そのガランとした画《え》のまんまカメラは動かずに、声だけで説教が始まる。「あなたどういうことなんですか！」ってね。そこで殺伐とその……ケンカが始まるんですよ。

大泉さんが答えられないなかで、車が空き地に入って、口論が始まっていく。ここの流れで、(カット割りはありますが)カメラは出演者のほうを向きません。

嬉野　で、そのときに、もしカメラが、ケンカが始まったタレントのほうを向いてしまうと、性質が変わっちゃうんですよねぇ。

佐々木　なるほど〜。

嬉野　「また始めちゃう」っていうことになっちゃうんですよねぇ。

佐々木　ふんふん。

嬉野　これは一つのオチであって——。「わからない、わからない」ときて、「結局どういうことなんだおめえはよ!」というふうに怒られるみたいな。「ちゃんとやれや」みたいな。なんかね。今までの流れのオチになっているわけであって。そのときに、オチなのに、カメラをこっちに向け換えちゃうと、何かを始めることになってしまうので、オチないみたいな。

佐々木　なるほど。

思う。

嬉野　そういうこともあるので……カメラが動くっていうと、そこまで続けてた雰囲気は流れちゃうんですよ。だからカメラを振ったり切り換えたりするってことは、流れるってことをやっぱり承知の上なんだと思うんですよねぇ。そういうこともあるなぁ……と。

つまり、カメラの向きを変えることで、話の性質も変わってしまう、何かを新しく始めることになってしまうのでそこでオチがオチとして成立しなくなってしまう、ということでした。

画面から去る人を追わない

このカメラの方向を動かさないということは、何かの動きに合わせてカメラの角度を変える、いわゆる「パン」をしないということには必ずしも限定されません。その例を挙げてみます。先ほど出てきた『クイズ！　試験に出るどうでしょう』は、大泉さんが合格点に達しなかったということで、罰ゲームとしてそのまま『四国八十八ヵ所完全巡拝』へと続いていきます。その四国の始まりで、大泉さんと藤村さんが会話しているときに、カメラは大泉さんを捉えています。しかし、もし映像が手元にあったとしたら確認してみてほしいのですが、そのカメラは大泉さんだけにフォーカスしているわけではありません。カメラは、後部座席の向かって左側にいる大泉さんと、右側の空席を均等に映しています。これはどういうことなんでしょうか。

ファンの方はご存知だと思いますが、この旅には、鈴井さんは参加していません。その前の『試験に出るどうでしょう』の最後で、札幌に帰っているんですね。つまり、いつもそこにいる人がいない。そしてカメラは、あたかもそこに鈴井さんがいるかのように、鈴井さんのいるはずの空間も映している。

そうすることで、ここでは、いる人も、いない人も同時に映していることになっているんです。

ここでまた嬉野さんの語りを聞いてみましょう。

嬉野　枠なんですよねぇ。僕はあんまりカメラを振ったりしたくないんですよ。だからこう撮ってるときに、フレームから出演者が出ていったって追いたくないんですよね。この四角のなかっていうことをやっぱり、……意識したいっていうふうに──思うので。

また帰ってきてほしいし。要するに、またその被写体を捉えるんであれば、本人が帰ってきてほしいんですよね。

佐々木 追いかけるのではなくて。

嬉野 追いかけるのではなくて。

佐々木 ふ〜む。

嬉野 うちはだから、タレントが車の後ろでしゃべってても、タレントにカメラを向けないで、ず〜っと画面は――ねぇ？　正面を映しっぱなしとかあったりするんですよねぇ。カメラはあんまりパンもしなければ、ズーミングも滅多にしないっていうような。……僕は、その、枠を気にしてずーっと撮ってるっていうのはありましたね、あんまり動く必要がないっていうね？

（中略）

なんかその……、やっぱりほんとだったら、ピタッとこう静止してほしいわけですよね。場面が。でも手持ちだから、ずれてしまうし。不本意なんです、ほんとは。

佐々木 （笑）

嬉野 ほんとはもう微動だにしないほうがいいっていうのがあるし、枠っていうのはあって……。だからずーっといつも、大泉と鈴井っていうのが二人並んでいて、ある日鈴井さんだけが先に帰ってしまうのであれば、その鈴井さんがいたような空間を入れ込んだまま、枠のなかに入れたいっていうのがあったよね。

私がお話をうかがっていてとても印象的だったのは、このなかの、フレームから出ていったとしても追いたくないということ【図⑤】、そして、またその被写体を捉えるのであれば、カメラが捉えに行くのではなく、本人に帰ってきてほしい、ということでした。嬉野さんのカメラは、「待つカメラ」なのだな、と思います。面白いことがあっても追いかけないし、去っていく人がいても追わない。そして、嬉野さんのカメラは、定点として待っているのです。

面白いことがあると、人間はどうしてもそれを追ってしまうものなんだと思います。でも、カメラがその面白いことに反応すると、画面からはカメラが「にやけて」いることを感

図⑤

じてしまいます。カメラがにやけるというのは変な表現なのですが、目の前に起こっていることをカメラ自身が面白がってしまうと、見ているほうはあまり面白がれないんですね。これと対照的に、目の前で起こっていることをものすごく面白がって爆笑する藤村さんがいるのですが、こちらのほうは、それがあることでものすごく面白がれてしまう。この二人のあり方の違いというのもとても面白いのですが、これについては次の次くらいの回でまたお話ししようと思います。

そこにないものを映す

いずれにしても、嬉野さんとしてはカメラを振らないということはかなり意識的にやっているんですね。わかってやっている。先ほどの嬉野さんの発言であった通り、もしカメラが動くとそこまで続けてきた雰囲気が流れてしまう。そこから、新しく話が始まってしまう。これは、逆にいうと、カメラを動かさない限り、新しい話は始まらないし、前の話が終わらないということでもあるわけです。このことを私が分析した上で、お二人に伝えたときの会話を聞いてみましょう。

佐々木　インタビューのなかで、天井川の話（『クイズ！　試験に出るどうでしょう』）のことを、カメラをずーっと動かさないでいて、そのまま「大泉くん！」って説教が始まるっていうときに、そこでカメラを振ると、新しい話が始まっちゃうってことを嬉野さんがおっしゃってて。

藤村　うんうん。

嬉野　うんうんうん。

佐々木　そういうことからするとですね、カメラのフレームを動かさないと、新しい話は始まらないんですよね。

藤村　うんうん。

佐々木　それは新しい話は始まらないということと同時に、「カメラを動かさない限り、前の話が終わらない」っていうことでもある。

藤村　あー。

嬉野　うんうんうん、そうですね。

佐々木　逆に言うとそういうことなんじゃないかと思うんですね。

藤村　うん、うん、うんうんうん。

嬉野　そうですね。

藤村　あー、そうだね。

佐々木　だから、このフレームを動かさない限り、失われた人は失われないんだ、と。

藤村　うん、うん、うん、なるほど。「不在」ということを、在ることとして「不在っていうこと」を映してるわけだね。

佐々木　そうですね。

嬉野　不在っていうものをやっぱりここに映すっていうことは、あるよ。

佐々木　はいはいはいはいはい。

藤村　うーん、そうだね。

このことによらず、嬉野さんは、「そこにないものを映す」ということをとても大事にしているのではないかと思います。カメラを動かさないことによって、失われたものを失わないでいるということができるのです。

前出のだるまやウイリー事件にしても、あそこでたとえば車を降りて大泉さんにカメラが寄っていってしまうと（テレビ的には十分あり得る話だと思います）、そこで物語が始まってしまって、それまでの流れもそれからの流れも一旦そこで切れてしまう。

しかし、カメラが動かないことで、その事件が一連の話のなかで起きたこととして位置づけられることになり、結果的に面白さが際立つことになっていると思うのです。その代わり、編集時点ではくどいほどに繰り返し、スローモーション、ナレーション、スーパーを使って強調しているわけですが。

画面内と画面外の区別

さて、少し、「フレームを動かさない」こと自体に深入りしすぎたようです。

もともとは、前回の話に出た物語の二重構造を成立させているものは何かと考えていたのでした。そして、私が考えたのは、まず一つの要因として、この「フレームを動かさない」ということがあるのではないかということでした。

撮影時にフレームを動かさないと、撮影の場にいる人たちは、「どのあたりまでが画《え》として映って、どのあたりからが映らないか」がはっきりわかります。つまり、撮影の瞬間に今自分が映っているかどうかが明確にわかるわけです。こうなることで、その撮影空間に「画面内」と「画面外」の空間が仮想的に立ち現われるのです。

ちょっとわかりにくいかもしれませんが、つまり、基本的に今カメラに映っている空間は映っている空間として、映っていない空間は映っていない空間として、明瞭に区別されるということです。パンがあると、この区別はあまり生じなくなります。カメラが振られなければ、今映っていない空間はいつまでも映らない空間であり続けます。パンがあると、今映っていない空間がいつか映る可能性のある空間になってしまうのです。

そして、この画面内と画面外がはっきり分かれることによって二つのことが生じると考えられます。

映っていないところで話す

一つ目は、画面に映っている人が、画面の外にいる人と会話をすることができるということです。「どうでしょう」でいうと、出演者のお二人と藤村さんの会話が主なものになりますね【**図⑥**】。この会話というのは、藤村さんが画面の外にい続けるこ

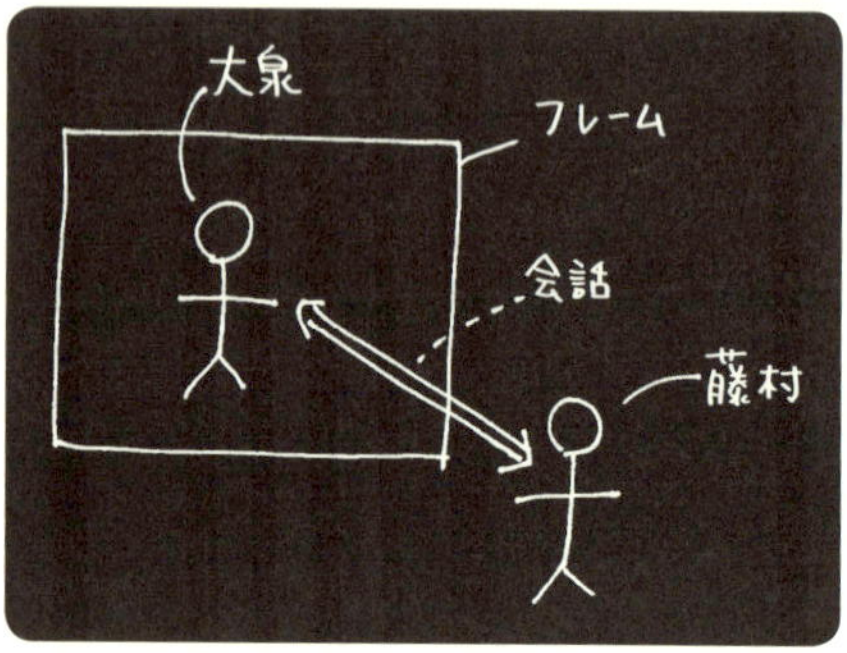

図⑥

とで初めて可能になると思うのです。カメラが動かないことで、おそらく藤村さんは安心して画面の外の世界にい続けられる。さらに、この番組では画面の外にいる人同士が会話をし続けることがありますというか、それは全然珍しくありません。二〇〇五年開催の『水曜どうでしょう9th presents 祭 UNITE2005』（通称「どうでしょう祭」）で行なわれた名ゼリフの人気投票で一位に輝いた、大泉さんの「おい、パイ食わねえか」というセリフも、それを発したときは、大泉さんも聞き手の藤村さんも映ってはいません【図⑦】。しかも、『四国八十八ヵ所』で飛び出した大泉さんのマイケル・ジャクソンのものまねもまたしかりです。こういった、話の流れは明らかにそこにあるのに、それと関係ない車外の風景を撮っている（藤村さんたちは「車窓」と言われていますね）ということがあるわけです。

このことについては、藤村さんが次のように語っています。

……

藤村　大泉なんかよく言うね。カメラが車窓を撮ってて、大泉

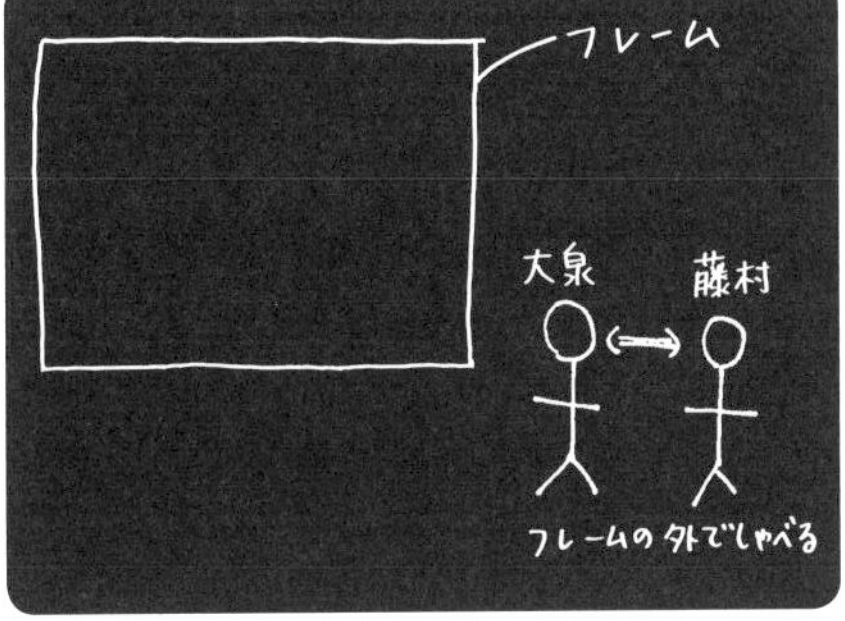

図⑦

を外してるときに、彼がしゃべると俺と同じ立場になれる。
佐々木　なぁ〜るほど。
藤村　そうするとあいつは、面白いんですよね。またこっちの、映ってるときの大泉と、こっちで映ってないときの大泉のしゃべり方って明らかにやっぱ違うところがありますからね。
佐々木　なるほど……。
藤村　僕は常に、そういうしゃべりをしているっていうことだと思うんですよね。カメラの向いていない、気の抜けた。気は抜けてるんだけど、両方見れるっていう。
佐々木　ふんふんふん。……やっぱり大泉さんも、映ってないときは違うんですね。
藤村　違う。
佐々木　感じが。
藤村　うん、それはもう当人が一番よくわかってて。嬉野君があやって外してくれるときが、やっぱりね、一番やりやすいっていう(笑)。おかしな話だけどやりやすいっていう。
佐々木　なるほどー。

藤村　んー。……だからその～、何でやりやすいかって言ったら、自分のとこにじーっとカメラを据えられると、あいつとしても、俺と同じように、俯瞰で見てたり、やってみてたりっていろんな目線をしたいんだろうな。そうして状況っていうのをつかみたいんだろうけど、こうやってカメラを向けられると、彼は映っている状況に、もう頭のなかが支配されちゃうんで、なかなか全部の状況を見て、っていうことはできない。状況のなかの笑いを作り出すことができない。それが、あいつもこっちと同じような立場になって、カメラから外れると、全体を一緒に見れるんで、非常にやりやすいというか。状況を見て、さらに的確な、なんかコメントが吐けるという――。

佐々木　はい、はい。

藤村　おかしな話ですけどね。

佐々木　まぁおかしな話ですね(笑)。

藤村　おかしな話なんだけど。

佐々木　でもその「しゃべってる人が映らない」っていうことはよく言われるし、「映るべき人が映っていない」っていうこともよく言われるんですが、その映ってないっていうことが、実は、すごく意味がある。

藤村　そうね。意味がある。

佐々木　そういう意味もあるんですねぇ……。

藤村　嬉野君が窓の外を撮りだしたときに、何となく俺とかが後ろでしゃべってるのが面白くなっちゃったっていうのが——嬉野先生自身にもあったんで。だから、わざと、長くそっちを撮ってるっていうのも、嬉野先生のなかではあるんですよね。「あ、こっちのが面白いや」と思って。しゃべるほうにしたら、実はそうやってなってたほうが、広くものを見られるし、状況を見られるんで、面白いことを言えてしまう。

佐々木　えぇ。まぁ常々大泉さんのしゃべりの面白さっていうのは、ちょっと違う——俯瞰のとこから見てる、っていうような面白さだなっていうのはすごく感じてたんですけどね。

藤村　そうですね。

佐々木　それはたとえば、ユーコンのときとか割とそういうのをよく感じたんですけど。

藤村　うんうん。ユーコンとか、カブなんかもそうだったりするけど、目の前にカメラがあるわけじゃなく、完璧にカメラを外されてる状態ですもんね。だからまぁ実際ね、遠目で映ってはいるけど、彼としてはカメラをあんまり意識はしてなくて、たぶんそれは俯瞰で、いろんな見地で見てられるから、僕のように、状況を見ていっつも、しゃべってるのと同じ対等な立場で、彼もしゃべれるんだと思うんですよね。タレントとしてではなく、全部の状況を見て、的確なコメントを吐いてくるんじゃないかなぁと思うんですね。

内と外がはっきりとすることで、まずは大泉さんが話しやすくなって面白いことが言える、ということがあるようです。

私は「水曜どうでしょう」について考え始める前、普通の視聴者の立場にいるときから、大泉さんの話の面白さは、一つには「俯瞰の視点」があるからだなあ、と思っていました。自分が現場にいるにもかかわらず、その自分の立ち位置そのものを含んだ場全体を遠くから見ているような視点からの発言をとても面白く感じたのですね。

具体的に言うと、ユーコン川をカヌーで下っているとき、写真を撮るということで、ハイテンションな藤村さんが、必死に漕いでいる大泉さんと鈴井さんに向かって、大声で気合いをかけます。このときに大泉さんがポツリと言ったのが、大泉さんの俯瞰のセリフの例です。

藤村「大泉さん、笑って、にっこり笑って、はい、イヤアー！（掛け声）、ああー、いいですなあー」

大泉「こだまするのは君の声ばかり……」

この大泉さんの言葉は、写真を撮ろうと調子よく大声で二人に声をかける藤村さん、それに応えてカヌーのパドルを頭上に差し上げる二人、それを撮影して満足げな藤村さん、という状況すべてを俯瞰した視点から発されたものになっています。

このときはカメラは遠くからその姿を捉えていましたが、このほかの多くの俯瞰的なセリフは、カメラが大泉さんから外されているときに、つまり大泉さんが撮影者と同じ方向を向いて映っている空間と相対峙する状況で生まれてきています。

ところで、このように、映っている世界と映っていない世界での対話があったり、映っていない世界にいる人同士の会話、つまり、話している人同士が映っていないという状況があると、その番組を見ている人にはどういうことが感じられるでしょうか。

おそらく視聴者は、「ここに映っているものがすべてではない」、または「この物語の外に何かある」ということを感じとるのだと思います。そして、この「何かある」という感覚は、パッと見ただけではははっきりは意識されず、ただそれがあるという「感じ」だけが受けとれるのです。

さて、話を二重構造、つまり「物語」と「メタ物語」に戻してみましょう。この「メタ物語」は、嬉野さんの動かないカメラがあることで成立しています。

なぜだかわかりますか？　この「メタ物語」は、撮影する側の姿がはっきり映ってしまうと成り立たないんです。

藤村さんが画面に映るときは、見えるか見えないか、映るか映らないかのところで動いています。そして、藤村さんは決してカメラのほうを向いて話すことはありません。常にカメラと同じ側を向いて、出演者と相対しています。このことは、あくまで藤村さんが撮影者の側にいること、そして撮影者の存在を意識させることで、「物語」を撮りに行っている男たちの物語が成立しているということを示しています。

先ほども言いました通り、このカメラはカメラのほうから出演者に寄っては行きません。そして、基本的にはカメラは振られません。ですから、カメラと相対するか、どの程度映るかは映される側がその場である程度決めることができます。このことで「物語」と「メタ物語」の両方がカメラに収まることが可能になっているのです。

「何かがない」ということがある

次に、画面の内と外が分かれていることで起きることの二つ目に入りましょう。

二つの世界があることの効果の一つは、先にも触れましたが、「画面のフレームから出ていった人は画面のフレームの外にいる」ということが感じられるということです。今映ってなくても、確かにそこにいるということが感じられるのです。鈴井さんの空席が映っているように、単にそこから人がいなくなり、その人が映らなくなるのではなく、「その人がいないということが映る」のです【図⑧】。そして、物語が終わらないという話をさっきしましたが、その人がいるときから話が終わらないわけですから、物語はそこに残っている人だけで進むのではなく、去った人も込み

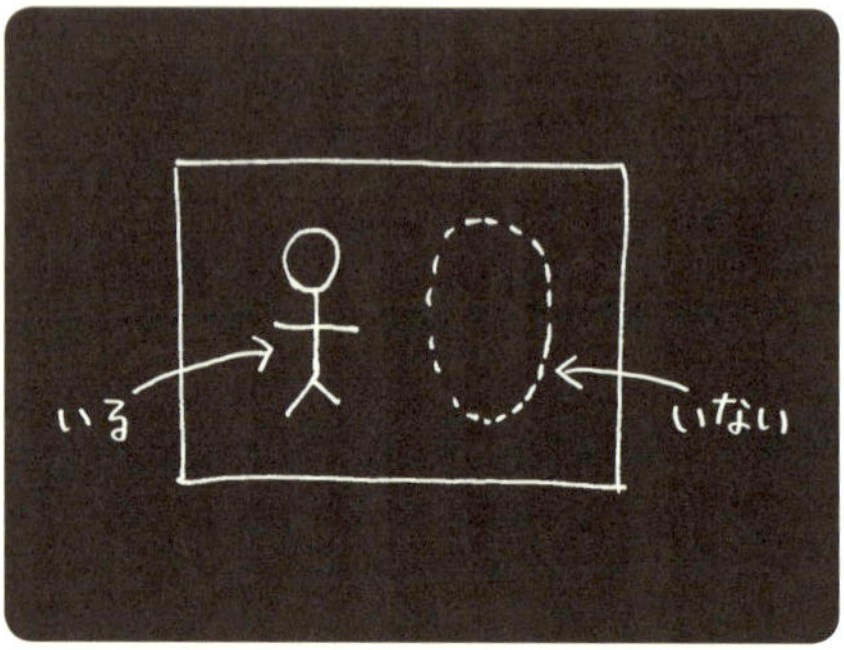

図⑧

で話が進んでいく。繰り返しになりますが、そういうことは見ているほうにははっきりとわかるわけではありません。でも、「何となく」というレベルでそれは伝わっているはずです。

これは考え方一つなのですが、「何かがない」ということからは、単に「ない」ということを受けとるだけでなく、「『何かがない』ということがある」ということを受けとることもできるのです。わかりにくいと思いますので、一つ例を挙げてみます。

カウンセリングを受けに来た人が、カウンセラーに「もうここに来てやりたいことはありません」と言うことがあります。こういうふうに言われたら、カウンセラーはどうそれを受けとったらいいでしょうか。

一つの受けとり方は、「もうやることがないんだったら、このカウンセリングは終わりにしましょう」というものです。常識的に言って当たり前ですね。やることがないんですから、終わるのが筋というものです。しかし、これは常識的ではありますが、こういう受けとり方をすると、相手のことを受けとりそこねることがあります。

もう一つの受けとり方として、その人がわざわざカウンセラーに直接「やりたいことはない」ということを伝えてくるということはどういうことなのか、を考えるという方法もあります。

少なくとも今この瞬間、「『やりたいことはない』ということを言う」ということはやりたいわけです。もしかしたら、それを言うということで伝えたいことがあるのかもしれません。それはカウンセラーに対して「あなたはちょっと頼りない。どうも信用してこれ以上話すことが不安だ」ということを言いたいのかもしれません。また、そういうふうにちょっと攻撃的なことを言ってみて、カウンセラーが動揺するかどうかをみているのかもしれません。このくらいのことで動揺するようだったらこれ以上は話せないよ、ということなのかもしれません。あるいは、自分が話した言葉を単純に言葉通りにとる人なのかどうかを見ているのかもしれません。そしてもちろん、言葉通りに十分やり尽くしたのでやることが当面考えつかない、ということであるかもしれませんが。いずれにしても、「やることがない」というのを「『やることがない』ということを言いたい」つまり、「『ない』ということがある」というふうにとることで、人からのメッセージの受けとり方がより豊かになっていくわけです。

この例、話がわかりやすくなったかどうか難しいですね。どうでしょうか。ただ、何となくわかるような気がするくらいになってもらえるといいのですが。

ともかく、「ある」と「ない」があったときに、「ない」を単なる「ない」ではなく、「ある」と「『ない』ということがある」という二種類の異なる「ある」がともに成り立つことで、この世界をより豊かに感知することができるようになる、ということは間違いないところだと思います。

これが、嬉野さんの動かさないカメラによって成立するわけです。そして、この「その場にいない人も込みで話が進んでいく」ということが、『なぜ「水曜どうでしょう」を見るとホッとするのか』ということにつながっていくと私は考えています。この話はまた後で採り上げていきたいと思います。

カメラと被写体までの距離、ズームをしないこと

適切な距離をとる

さて、嬉野さんはカメラの向きを変えないということを大事にしているわけですが、そのかわりに意識していることがあると言います。それが、カメラと被写体との距離です。今映していることは、どのくらいの距離をおいてカメラが捉えるのが適切なの

かということについて、嬉野さんはかなり意識的に調節しています。

嬉野　カメラをあまり動かさない、ズームは使わないでやるのが、一番画《え》がもつっていうか。そういうのが実感としてあったので、番組の一番最初のとき、藤やんに「俺が(カメラを)回す」って言って。それから回させてもらったんですよね。それでなんか、「これはなんか、重要なものとして『距離』がある」と思ってね。被写体との距離。

佐々木　うん。

嬉野　被写体と、どれぐらいの距離で撮るかっていう。それがなんかいつも、ありますよね。画角というか構図というよりかは。被写体の二人と自分の距離みたいなのが。それがなんか、ケースバイケースのような気がして。そこのところはなんか、とっても大事にしているつもりなんですよこれでも(笑)。

佐々木　(笑)。うん。

嬉野　だから、なんでしょうね……。二〇〇四年にタマンヌガラというジャングルに行ったとき、ホテルからバスが出るんですけども。乗っても、待っても、ほかにだれも連れが来ないんですよね。客が。ほかのツアーの客が来ない。ほとんどわれわれだけだったんです。そのとき「だれも乗ってこねえなぁ」って、バスのなかでその、大泉君がちょっとしゃべるみたいな。

佐々木　ふんふん。

嬉野　すると何となく居心地の悪そうな感じの二人がいるわけです。その状況を撮るときも、やっぱり距離っていうのはこの辺だろうとかっていうのがあって。近いでも遠いでもない、中途半端な距離で、二人の「うーん」という感じ。僕はだからいっつもなんかこう、反応してるのはそこぐらいですかね。

佐々木　左右とか上下じゃなくて。

嬉野　最初になんかこう……、どのへんに立とうかなっていう。どのぐらいの距離をとろうかなっていうので、気持ちがぴったり来るところを探すっていう方法があるんですよねえ。それぐらいはあるかなあ。

佐々木　なるほど。

この嬉野さんが採り上げているマレーシアの事例ですが、そう言われてこの場面を見ると、確かにアップでもなく、ロングショットでもない中途半端な寄りで、バスに

ポツンと二人がいて、そのまわりに空席が並んでいるという画《え》が映っていて、これがその状況の中途半端な片づかない気持ちとぴったりマッチしているように思えるのです。

そしてこれは、ズームではいけないんですね。ズームをすると、パンと一緒でそこで撮影者の存在が色濃く出てしまう。ここが寄るところだ、と撮影者が思っていることが出てしまって、それが邪魔になる。

ズームによる主張

実際、「水曜どうでしょう」のなかではズームをかなり意図的に使っている場面がいくつかあるのですが、そのときは非常に強いメッセージを画面から感じることができます。

具体的に、『京都→鹿児島 原付西日本制覇』のときの金閣寺の駐車場の場面を採り上げてみましょう。この企画では、この駐車場の場面までは、大泉さんには「京都をぶらりとまわる旅」であるというウソの話が伝えられ、番組もそのように進行していきます。

カメラは気楽そうな企画の雰囲気で大泉さんと鈴井さんが話しているところを撮っている。すると、ズームを始めて、二人のずっと後方にある二台のカブにフォーカスしていきます。真の企画である、カブで京都から鹿児島まで移動するという過酷な旅の企画が発表されるのです。ここでまさに、新しい話が始まっていくわけです。

嬉野　金閣寺で、大泉は何も知らなくて、ああやって、ねえ、のんきに話してるじゃないですか。

佐々木　ええ、ええ。

嬉野　それで僕は、あの、ほんとに初めてズームをするんですけども、そのズームが始まるっていうのは、「別の物語がこれからいよいよ始まる」っていうことなんです。

佐々木　そうですね。

嬉野　カメラが動くっていうのは、話を分ける、もう一つ肝心な物語があるんだっていうことの合図になる。

藤村　ああ。

佐々木　うん、そうですね。

嬉野　そこんところをうまく使わないと、面白く伝わらないっていうようなことがあると、僕は思いますね。

佐々木　単純にこう、大きく映すとか、小さく映すとかということでズームをやると、ちょっとまた、いろんなことが起きちゃう、映っている世界自体が変わってしまうということがあるっていうことですね。これも、映っていないっていうことで、いないことで存在をしているという。

嬉野　そうなんですよ。そうなんですよ。

……………………………………………

二〇一一年の作品、『原付日本列島制覇』でも、最初の話のときに河川敷に置いてあるカブにカメラは寄っていきます。

離れていることで頼りなさをだす

距離感を大事にしているというエピソードをもう一つ挙げておきましょう。

……

嬉野　俺はその、浅井長政のね小谷城に行ったときにね。

藤村　はいはいはい（笑）

佐々木　（笑）。

嬉野　雪がちらちらしてきたけどさ、まあちょっと、天守閣まで行こうかなんて言ってさ。雪がどんどんどんどんどん降ってきてだよ、道を間違っちゃう。それで、大泉とミスター〔鈴井さんの愛称〕とヤスケン〔安田顕さん〕と三人が山道を歩いていくんだけどどんどんどんどん雪が積もっていくわけだよね。

藤村　うんうん。

嬉野　その途中で俺はどんどんどんどん被写体とその距離をおくのよ。

藤村　うん。

嬉野　それで三人は向こうに行っちゃって。あんた（藤村さん）はこうカメラのわきにいてくれるわけさ。

藤村　うん。

嬉野　それで、向こうが止まって、俺も止まると、あんたも止まりだ。それで、「もうそのへんでいいんじゃないすかー」とかってこっから、叫んでるわけでしょ。

佐々木・藤村　（爆笑）

嬉野　そしたら向こうは、「だってここは単なる斜面だよ」とか言ってですよ。
佐々木・藤村　（笑）
藤村　そうだね。
嬉野　で、「小谷城」となるわけですよ。
藤村　（笑）

この部分、実際にこの場面をご覧になっていないと、藤村さんと私が爆笑するのがわかりにくいかもしれません。

この場面、三人（このときは安田顕さんも参加しています）が小谷城の本丸跡を目指してたどっていっている山道がどんどん怪しくなっていきます。あたりの雪も濃くなっていき、これで大丈夫なのか？　という気分が蔓延している状況です。さらに、カメラからの距離がどんどん離れていき、なんとも心細い状況になってきます。カメラは三人からずっと離れたところからその状況を撮っていて、カメラの後ろで藤村さんが「そのへんでいいんじゃないですかー」と声をかけるわけです。このときの、切実であるようなそうでないような、頼りない様子というのがこの距離感と絶妙にマッチしているわけです。

極端な話、これがもしカメラが出演者のすぐ後をついていったり、カメラが先行して出演者を前から撮ったりしていたら、全くこんな雰囲気は生まれてきていないでしょう。この場合は、距離をとりながらもカメラがついていっていることがとても大事になるのだと思います。ズームを使わないことで、離れた感じがうまく生じるわけです。


例に挙げた二つの場面でもわかるように、中途半端な距離をあえてとり、しかもズームを使わないことで、中途半端に出演者のまわりの風景が映り込みます。マレーシアのバスであれば、空席だらけのバスの中、小谷城のときは雪の積もる山の中にいるという状況です。見ている側としては、出演者がこの状況のなかにいるということが、ストーリーではなく視覚的に理解できるというわけです。

これを嬉野さんは「気持ちがぴったりする距離を探す」というふうに、おそらくは感覚で丁度いいところを探し当てているのだろうと思います。これをあえて言葉にするならば、「中途半端な状況にはそれにふさわしい中途半端な距離での撮影」を選んでいるのだろうと思います。

近い距離で撮ることの効果

距離感といえば、逆に、非常に近い距離で大泉さんの顔を撮影している場面も見受けられます。見受けられます、というのも白々しい話で、カメラが大泉さんの顔に極端に寄っていて、大泉さんの顔がゆがんで映っているというのはこの番組の代表的な画面《えづら》と言ってもいいくらい、「水曜どうでしょう」の特徴となっています。このことについても嬉野さんに聞いてみました。

嬉野　近距離っていうのはですね、ま、一つにはマイクがね、性能がそんな良くなくて。だから「とにかく大っきな声で、しゃべってください」っていうような、お約束で始めた番組なんですよ。

佐々木　ふんふん。

嬉野　どっちかって言うと、「音をしっかり録りたいな」っていうのがありました。番組を作り始めた当初からあったので。やっぱり音を気にするんですよ。そうするとやっぱりそばにいたいんですよね。するとまぁ、しゃべってる大泉のそばに寄るみたいな。ということで、あの近距離というのは、もともとは声をちゃんと拾うための方法として出てきたやり方ではあったようです。

嬉野　手前に大泉さんをすごくなめて［被写体の前に別の被写体を映りこませる意］、奥にミスターをなんとか入れておこうかなみたいな形でね。それは、自分でカメラを覗いている分には、NGなんかわからないですよ全然。自分ではそんなに寄っているつもりはなかったんですよ。それが実は大泉さんの顔のそばまで来てるってのがあって（笑）。あれは、後から考えれば「あー、確かにすごくおかしいな」ってのがありましたよね。でもなんか魚眼でこんなひん曲がったのが撮れて、「それでやろうか」みたいなことでしたね。

佐々木　今聞きながら思ったんですけど、近くに寄ってるということは、撮っている人も近くにいるっていう感じがありますね。

嬉野　いるっていうことですねえ。

佐々木　あの、その「撮っている人も近くにいる」っていう感じも映っているのかもし……れないですねぇ。

最後のひとことで私が言っているのは、嬉野さんがカメラのファインダーを覗いたまま大泉さんの近くにぐっと寄っていくと、ここでぐっと近い位置からカメラを向けられているということで、大泉さんのほうの「寄られていることを意識したしゃべり」が導き出されたということもありそうだということです。

嬉野さんが寄りたくなるような話をする大泉さん、それに反応して寄っていく嬉野さん、さらにその動きに反応してしゃべりをヒートアップさせていく大泉さん、というような、やりとりのなかでシーンができあがっていくという側面がここにはあるように思います。

カメラと大泉さんの相互作用

狭い車内というような、カメラが近づかなくてはいけないという制約がないのに嬉野さんが大泉さんに寄っていっているシーンの例をいくつか挙げてみましょう。

『四国八十八ヵ所』の一回目に、旅を振り返っての大泉さんのコメントのなかで、始めのうちは「逆に本当に皆さんに感謝したい」というような「物語」的な話をしているときは、嬉野さんのカメラの寄りは、アップではありますが、さほど極端ではありません。そのコメントがだんだん怪しくなってきて、「今度はミスターも連れてきて」「思い知らせてやる!」という恨み言のセリフの後、カットが切り替わって大泉さんの顔がフレームからはみ出んばかりに(というか、はみ出ていますが)カメラが寄っていきます。そこから鈴井さんに対する恨み言が力強く続き、「何でオレだけが八十八もね、回らなきゃいけないんだと」、最後は「ふだんだったら殴ってるよ!」と終わります。つまり、冷静というか上っ面のセリフのときはカメラはそれほど寄っておらず、大泉さんの本音に近いしゃべりのときは極端に寄っていったわけです。

ファンの間では名シーンとして非常に有名な、『東北2泊3日 生き地獄ツアー』のなかのワンシーンを紹介しましょう。

この日、大泉さんは雪のなか長時間立ちっぱなしだったりで、へとへとなうえに風邪をひいていました。早めに寝ようとしたところ、酔ったディレクターがしつこく大泉さんを起こしにやってきます。そんな気もないのに「番組に不満があるのか? 腹を割って話そう」としつこく迫るディレクターに、とうとう根負けした大泉さんは、最後に「僕は一生どうでしょうします」という言葉を言うのですが、この直前、嬉野さんのカメラはぐうっと大泉さんに寄っているのです。ズームではなく、嬉野さんが近づいています。すると、画面いっぱいにゆがんだ大泉さんの顔が映しだされます。

このコンビネーションはまるで、ジャズのセッションのようですね。よく藤村さんと嬉野さんが大泉さんのしゃべりを「音楽的だ」と評していますが、ここでは嬉野さんのカメラもそれに呼応して音楽的に動いているではないかと思えます。

これは、ズームという形で肉体性を伴なわないで寄っていってもだめなわけです。ズームを使わないで、撮影者が体ごと近寄っていくしかない。

嬉野　僕らのなんか、好みってのがきっとあるんだと思うんですけども。僕はもともとそうだったんですけども、ズームで寄るっていう「寄った画《え》」っていうのはですね、あんまり、うーん、なんかちょっと力強さが抜けるみたいな気がしてしょうがなかったんですよ。ズームで寄るっていうのは、ゆがみが減るんですよね。割と均整のとれた形になっちゃう。

佐々木　均整がとれたまま。

嬉野　均整が。要するにズームレンズでこう、焦点距離が伸びるほど、均整がとれていくんですよね。カメラごとワイドのまま寄ったほうが、左右、こういうふうに引っ張られるから。何となく迫力が出て。あと、寄ると、背景のものの動きが早く動いているように見えるので。

佐々木　なるほど。

嬉野　そのほうが何となく、「画《え》的にはいいなぁ」と思ってたんですよね。あの、気づかなかったんですけど、撮られるほうにしてみれば、カメラマンがこう、やたら乗り出してきたり引いたりしてね？(笑)、「この人は何をやっているんだろう」ということも、あったかもしれないなあなんてのは後から思いましたねぇ。

佐々木　(笑)なるほど……。

そして、この寄ったり引いたりということをやっているときに、それをやっている当の撮影者は、そのことを意識してはいませんでした。

嬉野　私は本当に何も知らなかったです。ファインダーを覗いていましたから、ずうっと。

ファインダーの中の世界しか、わからなかったので――、それこそさっき言ったみたいに、こんなに寄ってるという意識もなかったし。カメラの横で、その……被写体の二人が、カメラを見ないで、ちょっと目線をずらして、わきを見るじゃないですか。それでこの、横の藤村君が、カメラに映っていないとこで、腕をね、拳をこう振りながら気合い入れて(笑)、しゃべってるっていうのも、まぁずっと知らないままで。

佐々木　うーむ。

嬉野　しばらくしてカメラを、液晶のパカッと開くようなやつに変えたときに――、「あれ？　この人本当にやってるな」というのは、初めてわかったというのがありましたね(笑)。だから本当にもう僕は、五年ぐらい知らないまま、どういうものがここにあるのかわかんないままでやってましたね。そういうことがありました。

佐々木　一人、違う世界を。

嬉野　違う世界を僕はやりましたねえ。

五年ということは、「水曜どうでしょう」の本放送期間が約六年ですから、全体から見てもかなり長い間嬉野さんは一人違う世界を体験していたわけです。途中からそうでもなくなったようですが、少なくとも「どうでしょう」のスタイルが確立する間は、嬉野さんは一人別の世界にいて、その場を見ていた。これは、いわゆる魂というか霊というか、そういう状態ですね。同じ場所にいながら、別の世界にいつつこちらの状況を見ている。これが普通に「映っているものがすべて」の世界だったら撮影者として当たり前のことかもしれないのですが、この番組のように映っていない世界もちゃんとある場合、かなり立ち位置としてはほかの三人とは異なった場所にいると言うことができるでしょう。

こんなふうに、四人はそれぞれに特別な役割を持っていて、そのことが「水曜どうでしょう」を「水曜どうでしょう」たらしめている、ということが言えるのですが、この件はまた後でまとめて論じましょう。「また後で論じます」ということが多くてすみません。ちゃんと忘れずにそのことを言いますので、次の次の回あたりまでお待ちください。

今回はフレームと距離ということを題材にして、物語の二重構造というものがどうやって成立するのかということを中心にお話ししてきました。前回の講義で、嬉野さんも藤村さんも物語の二重構造については、何となくそういうものがあるなぁと思っていたけれどもはっきり認識はしていなかった、ということを語っておられました。

今回の話では、フレームも距離感もかなり意識的にこの番組でのスタイルを作ってきたのだということがわかります。この、フレームと距離という撮影現場での非常に技術的なことを意識することで、二重構造が意識的にでなく結果的に作られてきた、ということが言えるのではないでしょうか。

今回は少し長くなってしまいましたね。これに懲りず、また次回の話を聞きに来ていただければと思います。次回の話は、二重構造があることで番組のなかで起きたどんなことが説明できるかということを考えるのに、「偶然」と「反復」ということをテーマにお話ししていこうと思います。では、お疲れさまでした。

第3講

偶然と反復

みなさんこんにちは。「水曜どうでしょう」の話もだいぶ回数を重ねてきましたね。回数を重ねると、だいたいにおいて二つのことが起きてきます。

一つは慣れとかなじみというもので、毎回同じ形をとっているということで、だんだんどう聞いたらいいか、あるいはどう読んだらいいかということがわかってきて、内容を受けとりやすくなっていくということです。

もう一つは、マンネリとかなかだるみといったもので、回数を重ねるうちに新鮮さが薄れてきて、初めは何だかすごく心が動いていたものがそういうことをあまり感じなくなっていくというものです。

繰り返しにはこの二つの側面があるのですが、「水曜どうでしょう」の番組に関して言えば、前者の「なじみ」という側面が強いように思われます。さまざまな形で繰り返しが起きていて、この繰り返しを番組のなかではマンネリと言ってみたりはしていますが、むしろ「そのたびに面白い」と受けとっている人が多いのではないでしょうか。

そしてさらに、同じＤＶＤを何回も繰り返し見て、何回も繰り返して同じところで笑えるものでもあります。毎晩寝るときに、「どうでしょう」のＤＶＤをつけっぱなしにして寝る、という人を私は何人も知っています。

今回は、この繰り返しのことを、第1講で出てきた「二重構造」を使って考えていこうと思います。

そして、「水曜どうでしょう」を語るにあたってもう一つの重要な要素が、「偶然」です。「どうでしょう」では、あらかじめはかったような面白い偶然がたびたび起きています。偶然が起きるのには理由はありませんが、というか、理由なく起きるのが偶然というものですが、偶然が「偶然とは思えないほど」たびたび起こるのであれば、それはそれで何かの理由があるのではないかと考えてみることにはきっと意味があるでしょう。これもまた、二重構造と関連付けて考えてみようと思います。

では引き続きおつきあいください。願わくば、この毎回の講義スタイルがマンネリになっていませんように。

繰り返しについて

定点観測としてのワンパターン

「水曜どうでしょう」については、「ワンパターン」であるということがよく言われます。この言葉は通常は良くないこととして言われるわけですが、こと「水曜どうでしょう」に関しては必ずしもそうではありません。ファンの間で「ワンパターンだからね」と語られるときは、笑い含みで、むしろ面白さの一つの側面として語られることが多いのではないでしょうか。

このワンパターンについては、番組中で大泉さんが口にすることがあります。見慣れている人には当たり前のことなのですが、よく考えてみるとそれはおかしなことなんですよね。番組のなかで、当の番組の出演者が番組をワンパターンと言っているわけですから。

この繰り返し、反復ということについて、嬉野さんはインタビューのなかで次のように語っています。

嬉野　「ワンパターンでいこうよ」ってのがあったんですよね。「ワンパターンっていうのは王道じゃないの？」って。枠撮り（番組の始まりと終わりでその日の内容を紹介するコーナーの撮影）も、最初はいろんな場所を変えてやってたんですけども、それも、もうなんかどっかでネタが尽きるんですよね。「場所ないよ」みたいな。「だったら高台公園でやろうよ」ってことですよね？　高台公園でずーっとやっていれば、ネタだけ変えればいいですからね。結局そのほうが、見てるほうは見やすいって。それは確信的に思ったんですよね（笑）。なんだったらもう、そのカメラ位置も変えないでね。コンクリートかなんかでこう固定してね（笑）。

佐々木　（笑）

嬉野　定点観測がやっぱり好きなんですよね。そんなにカメラも振りたくないっていうのは、そうですよね。おんなじとこでずうーっとっていう。そうすると、そこのなかでの変化っていうものを、やっぱり、注目できるんですかね。「おなじみの場所でやってます」っていう。「おなじみの流れでやってます」みたいな。それはなんでしょう先生、なんか一つの世界を作ることの手助けになるんでしょうか。

佐々木　そうですねぇ……。

嬉野　佐々木先生がね、ＨＴＢ（北海道テレビ）に来てね、（いつも番組で映ってる）「高台公園ちょっと見てきました」ってことでしょ？　「あの公園」っていうことですよねぇ。「あの公園」っていうふうに認知されてるわけでしょう。

佐々木　「あの公園」ですねぇ。

嬉野　ですよね。「ＨＴＢに来たら高台公園見て帰れよ」みたいなことでしょう。……やっぱ人間のなかには、そういうおなじみのものっていうのが、必要なんじゃないでしょうか。

佐々木　う〜ん……。

嬉野　そんな気がするんですよねぇ。いつも変わらない、（フーテンの寅さんの）寅次郎みたいなもんですよ。寅次郎さんが急に出世して社長になりましたとかっていうのはないですもんね。いつも最終的に、女に振られて。でまぁ、恥ずかしいような人には言えないような稼業をやってるみたいな感じじゃないですかね？　その寅次郎は変わらない。毎回、エピソードがいろいろあって変わるけども、最終的には変わらない、寅次郎で終わる。どっかホッとできるところがあるんじゃないですかね。変わらないものに対して。

佐々木　ホッとするところ――ぅ〜む。

嬉野　あぁそうですね、「ホッとするところ」。変わらないっていうことに対してホッとするところがあるんですかね。

佐々木　そうですね。行く先が変わっても。

嬉野　変わっても。ねぇ、流れは変わらないし。

佐々木　「いつものあいつ」っていうね(笑)。

嬉野　それはなんかこう、うちでずーっと飼ってる番犬みたいなもんですよね？　番犬が急に出世するってことはないですしね？(笑)

……………………………………………………

嬉野さんは、さきの「カメラを振らない」ということとからめて、定点観測ということを言っています。そうすることでおなじみの場所ができること、変わらないことが人間には必要ではないのか、ということを言われました。そういうものがあることで、そのなかの変化が追えるのではないか、そして人はホッとするのではないか、ということですね。

矛盾していることの意味

しかし、嬉野さんは、その直後（本当に直後です）、こういうことも言っています。

嬉野　たぶん人間ってのは反復を嫌いますからねぇ。飽きるってことがあると思うんですよね。

……………

つまり、反復が気持ちいいんだということと、人は反復を嫌うということをほぼ同時に言っているわけです。

この二つの発言は全く反対のことで、矛盾しています。いえ、矛盾は別にいいんです。矛盾しているからだめだとか、一貫性がないのは良くないということを言いたいわけではありません。私も子どもではありませんから、そんなことを言いたいのではないんです（だいたい、だれが「水曜どうでしょう」に一貫性を求めるでしょうか？）。

ただ、こういう矛盾したことがほぼ同時に言われているからには、そこには何かがあるのではないかと考えてみることは無駄ではないでしょう。この話はどう受けとったらいいでしょうか。

これを考えるために、具体的に「水曜どうでしょう」ではどんな形でワンパターンが行なわれているかを見てみましょう。

一つのワンパターンは、日本のどこかから、サイコロを振って出た目によって札幌を目指す『サイコロの旅』や、北海道中の市町村を、カードを引いた順にすべてまわろうとする『カントリーサインの旅』、さまざまなテスト問題を解きながら、実地体験をする『試験に出る』シリーズといった、同じ形の企画を繰り返して行なうということが挙げられるでしょう。

『サイコロの旅』は6まで、『カントリーサイン』は意外にも二回だけ、『原付』シリーズは四回、『釣りバカ対決』も四回。『試験に出る』シリーズは三回、『四国八十八ヵ所』は三回。

そして、『サイコロの旅』(サイコロの出た目で行き先が決まる)、『カントリーサインの旅』(引いたカードによって行き先が決まる)、『日本全国絵はがきの旅』(引いた絵はがきによって行き先が決まる)というふうに、違う形で同じようなことをする、ということもあるわけです。これは大泉さん自らが番組のなかで「おんなじやん!」と看破しています。

このような状況で、嬉野さんが「反復が気持ちいい」というのと「反復を嫌う」というのと、両方のことを言っているわけです。これをどう理解するか。矛盾していることを言っていておかしいね、と済ませてしまえばそれまでです。しかし、そうはしないで、こうやって矛盾しているということ自体にどういう意味があるのかを考えてみたいと思います。

「物語」のレベルと「メタ物語」のレベル

さて、例の「物語」と「メタ物語」という二つの物語のレベルでは、この反復はどう行なわれているでしょうか。

まず「物語」のレベルで言うと、もし「物語」で本当に反復がいいのであれば、たとえば、人気のあるサイコロシリーズであれば、『サイコロ15』までやったっていいわけです。でも、そういうことはしない。先ほど挙げた企画の例を見たら逆にわかる通り、似通っているものもあるとはいえ、企画のレベルでは同じことが続けて繰り返されているわけではありません。

以下の**【表】**（一一四〜一一七ページの企画一覧表を参照）からもわかる通り、同じシリーズの企画を続けてやるということは、初期のサイコロを除けばほとんどありません。長期的に見ると繰り返していますが、企画のレベルではむしろ、循環的でありつつ、どんどんやることが移り変わっていっています。

これは考えてみたら当たり前のことで、ほぼ同じ企画を続けてやってもただ飽きるだけというのは容易に想像がつきます。「物語」のレベルでは、反復を嫌うと言ってもいいでしょう。

かたや、「メタ物語」というレベルではどうなっているでしょうか。「メタ物語」というのは、繰り返しになりますが、『「物語」を撮りに行っている男たちの物語』です。このレベルで言うと、これは「ある無謀に見える企画を突然提案されて、大泉さんがだまされて狼狽し、無謀な企画ゆえに企画そのものが破綻してチームが右往左往する」ということ自体は、反復されている。このレベルでは、毎回のように同じことが起こっているわけです。

そして、われわれ視聴者が一番楽しんでいるのがこのレベルの反復なのではないでしょうか。

回によって多少は違いますが、HTBの駐車場で企画発表があり、大泉さんが企画

「水曜どうでしょう」企画一覧表〈レギュラー放送第一回～最終回〉

タイトル&企画の種類	サイコロ	単発	オーストラリア	カントリーサイン	スタジオもの	ヨーロッパ	東京	マレーシア	釣りバカ	アラスカ	絵はがき	試験に出る	四国八十八ヶ所	アメリカ	原付	コスタリカ	ユーコン
1996年10月9日・16日 サイコロの旅1	●																
1996年11月6日・13日 粗大ゴミで家を作ろう!		●															
1996年12月4日・11日 激走! 24時間 大泉洋くん闘痔の旅		●															
1996年12月25日・1997年1月8日 サイコロの旅2 ～西日本完全制覇～	●																
1997年1月29日～2月19日 オーストラリア大陸縦断3700キロ			●														
1997年3月19日 サイコロの旅 総集編	●																
1997年3月26日 サイコロの旅2 総集編	●																
1997年4月2日～5月21日 サイコロの旅3 ～自律神経完全破壊	●																
1997年6月11日・6月18日 宮崎リゾート満喫の旅		●															
1997年7月9日～30日 サイコロ韓国 ～韓国完全縦断～	●																
1997年8月13日～9月3日 212市町村カントリーサインの旅1				●													
1997年9月24日 番組1周年記念 あの名場面をもう一度!					●												
1997年10月1日～11月26日 ヨーロッパ21ヵ国完全制覇						●											
1997年12月3日 未公開シーンをすべてみせます!					●												
1997年12月10日～1998年1月14日 212市町村カントリーサインの旅II				●													
1998年1月21日～2月11日 サイコロの旅4 ～日本列島完全制覇～	●																

1998年2月18日・25日 第1回どうでしょうカルトクイズ世界大会	1998年3月4日〜25日 東京ウォーカー	1998年4月1日〜29日 ジャングル探検inマレーシア	1998年5月6日・27日 桜前線捕獲大作戦	1998年6月3日〜17日 十勝二十番勝負	1998年6月24日〜7月22日 サイコロの旅5〜キング・オブ・深夜バス〜	1998年8月5日〜19日 香港大観光旅行	1998年8月26日 門別沖 釣りバカ対決!	1998年9月2日〜30日 2周年記念!秘蔵VTR一挙公開!!	1998年10月7日〜12月2日 北極圏突入〜アラスカ半島620マイル〜	1998年12月9日〜1999年1月6日 日本全国絵ハガキの旅	1998年12月23日 シェフ大泉 クリスマス・パーティー	1999年1月17日・2月3日 東北2泊3日 生き地獄ツアー	1999年2月10日〜3月3日 クイズ!試験に出るどうでしょう	1999年3月10日・31日 四国八十八ヵ所完全巡拝	1999年4月7日 釣りバカ対決第2弾!氷上わかさぎ釣り対決	1999年4月14日〜6月16日 合衆国横断〜北米大陸3750マイル〜	1999年6月23日 マル秘VTR一挙公開!	1999年6月30日 マル秘VTRわかさぎ釣り
					●													
●			●	●		●					●	●						
								●									●	●
	●																	
		●																
							●								●			
									●									
										●								
													●					
														●				
																●		

タイトル&企画の種類	サイコロ	単発	オーストラリア	カントリーサイン	スタジオもの	ヨーロッパ	東京	マレーシア	釣りバカ	アラスカ	絵はがき	試験に出る	四国八十八ヶ所	アメリカ	原付	コスタリカ	ユーコン
1999年7月21日〜8月18日 東日本縦断〜東京↓札幌 原付激走72時間〜															●		
1999年8月25日〜9月29日 シェフ大泉 夏野菜スペシャル		●															
1999年10月6日〜12月8日 欧州リベンジ〜美しき国々の人間破壊〜						●											
1999年12月15日 サイコロ6〜ゴールデン・スペシャル〜	●																
2000年1月26日・2月2日 onちゃんカレンダー撮影		●															
2000年2月9日〜23日 30時間テレビの裏側 全部見せます!		●															
2000年3月1日〜4月5日 試験に出る石川県・富山県												●					
2000年4月12日〜5月3日 四国八十八ヵ所II													●				
2000年5月24日〜6月28日 京都↓鹿児島 原付西日本制覇															●		
2000年7月5日 今世紀最後の水曜どうでしょう					●												
2000年11月29日〜2000年12月20日 水曜どうでしょうドラマ『R-14』					●												
2001年1月24日・31日 メイキング・オブ・四国R-14					●												
2001年2月7日〜28日 一致団結!リヤカーで喜界島一周		●															
2001年3月7日・28日 釣りバカ対決第3弾! わかさぎ釣り対決II									●								
2001年4月4日・11日 前枠・後枠傑作選					●												
2001年4月18日〜6月6日 中米・コスタリカで幻の鳥を激写する!																●	
2001年6月13日〜9月5日 対決列島		●															

2001年9月26日〜11月7日 ユーコン160キロ																	●
2001年11月28日〜12月12日 札幌↓博多 3夜連続深夜バスだけの旅		●															
2002年1月30日〜3月6日 試験に出る日本史												●					
2002年3月27日〜4月24日 四国八十八ヵ所III													●				
2002年5月1日〜29日 日本全国絵ハガキの旅2											●						
2002年6月5日・12日 未公開VTR&NG集					●												
2002年6月19日〜7月24日 釣りバカ対決グランドチャンピオン大会！24時間耐久屋久島魚取り対決！									●								
2002年7月31日〜9月25日 ハノイ↓ホーチミン 原付ベトナム縦断1800キロ															●		

〈レギュラー放送終了後の企画〉

2003年1月15日 6年間の事件簿！今語る！あの日！あの時！		●															
2003年5月21日 どうでしょうプチ復活！〜思い出のロケ地を訪ねる小さな旅〜		●															
2004年5月26日〜7月7日 ジャングル・リベンジ								●									
2005年10月19日〜12月7日 激闘！西表島		●															
2007年1月17日〜3月14日 ヨーロッパ21ヵ国完全制覇						●											
2011年3月2日〜5月18日 原付日本列島制覇															●		

の内容に驚かされて、文句を言うが藤村さんに押し切られ、高速道路を走る車の中で詳しい企画説明があって、大泉さんはふてくされながらもだんだん話に乗っていく。そして、飛行機などの交通機関のなかでの短い無言のショットが積み重ねられ、現地に到着して「物語」(＝企画)が始まっていく。企画の性質によって多少の違いがありますが、ほとんどの流れがこのバリエーションとして考えられます。

この部分が、嬉野さんの言う「反復が気持ちいい」に当たるのだといえるでしょう。実は、ここでの展開には台本があります。しかし、それは大泉さんには渡されていません。渡されていないのに、大泉さんは台本通りにしゃべっていく。当然、大泉さんはもちろん予想外のことなので素の反応という部分もあるでしょうが、当然、「どう反応したら面白いか」ということも考えていると思われます。そういうふうに考えたときには、ここのやりとりにはある種の(あくまで「ある種の」ですが)正解があるのではないでしょうか。いや、「正解」というと不正確で、ある種の「型」といってもいいかもしれません。この「型」は、合気道の「型」や能の「型」に近いものがある、というと大げさかもしれませんが、この型があることで、小さな違いがとても面白いものに見えてくるという側面は、確実にあるように思います。このこと自体が、番組の面白さの大きな一つの要因になっているのではないでしょうか。

さて、この反復を成立させるためには、何が必要なのでしょうか。つまり、「メタ物語」が反復するということが成立するためにはどういうことが大事なのでしょうか。それには、逆説的にはなりますが、「繰り返さないこと」が確実に必要になってくるのです。

「メタ物語」の繰り返しを成立させるためには、「物語」が繰り返さないことが重要です。「物語」レベルでは何度もの反復はないけれども、その「物語」を撮りに行って右往左往することはしっかりと反復している。この二重性が、「水曜どうでしょう」の不思議な面白さと関連がありそうです。

さらに、この「物語」の細部では、やはり執拗なまでの繰り返しが行なわれることがあります。典型的なのは、『カントリーサインの旅Ⅱ』の車内の映像で、運転している大泉さんを後部座席から鈴井さんが脅かしていきます。この脅かし、手を変え品を替え八回も続けられます。さらに、翌日の車内でも八回ほどの連続です。この執拗なまでの繰り返し、途中で飽きてくるのですが、それを越えると何ともいえず面白いものになっていって、五回目くらいからは、一回目、二回目あたりとは違う笑いが生まれてきます。

同じ企画のなかでなくても、たとえば、さまざまな企画で飛行機に乗るたびに食事のシーンがはさみ込まれたり、宿泊するときには、毎回大泉さんが「一泊！」と宣言するなど、記号的に繰り返しのシーンが登場します。

そこまで考えに入れると、「繰り返しのある内容」を持つ企画は繰り返さないが、番組全体は繰り返している、という三重の入れ子になっていることがわかります。こうなると、われわれはもはや、繰り返しを見ているのか繰り返さないものを見ているのかがわからなくなりますね。しかも、画面を見ている限りではこの「メタ物語」レベルでの繰り返しは、製作者の粗忽さからくるように感じられます。つまり、製作者がネタにつまっているから同じような企画を繰り返しているように見えるのです。視聴者は、ある種の侮った態度で番組を見るわけですね。そうすると、少なくともこういった二重構造やそこから派生するいろいろな意味には気づきにくくなっていくわけです。

このように、嬉野さんの「反復が気持ちいい」「反復を嫌う」という矛盾した発言は、

「物語」と「メタ物語」の二重構造を使うと、うまく説明をつけることができてしまいます。若干うまく行き過ぎという気がしないでもありませんが。

この「矛盾」について、振り返りのインタビューのなかで嬉野さんは次のように発言しています。

藤村　どういうことなんですか、その矛盾は(笑)。

嬉野　たとえばそのー、アフリカなんかの音楽でね、リフレインするじゃないですか。

藤村　うん。

嬉野　リフレインして、リフレインしてどんどんどんどん盛り上がるじゃないですか。

佐々木　うんうん。

嬉野　ああいう、リフレインをどんどんしていくことで、たぶんなんかこう「入っていっちゃう」っていうことがあって。後は、(そういう音楽的なリフレインとは別に)何かわかり切ったことをね、判で押したようなことを、何回も何回もやらされるっていうのはすごくもう苦痛で、そういう意味での反復をたぶん嫌うんですよ。

藤村　ああそれはそうですね。

嬉野　でまあ、人間ってのはやっぱりこの、日々やってる反復、「おはようございます」とかっていう反復だって、そのうち「おはようございます」って言わないと気持ちが悪くなるわけだから。

藤村・佐々木　うん。

嬉野　反復によって人格もたぶん作られていくんだろうなと思うから、ま、確かに矛盾してるかもしれないけど(笑)。反復っていう言葉で言ってるけど、(気持ちのいい反復と、苦痛な反復と二つあって)その二つは状態が違うなーって思うんだけど。

佐々木　そうなんですよね。

藤村　そうだね。

嬉野さんは、繰り返しが続いていくなかで全体としてダイナミズムが上がっていくという、繰り返し構造が連なることで非繰り返しの展開があるのだという理解をしています。このことから、嬉野さん自身は、二重構造があるんだということ自体は感じていたこと、そして、撮影時にはこの「物語」「メタ物語」構造自体は意識的に考えていたわけではないということがわかります。

偶然について

よく起こる「偶然」

「水曜どうでしょう」を語るにあたって外せない要素なのが「偶然性」です。

この番組のことを紹介するときに、「行き当たりばったり」とか「偶然にまかせた旅」ということが言われますすし、番組のなかでもそういうふうに謳っています。

確かに、偶然にまかせるという要素が強い企画はたくさんあります。『サイコロの旅』は文字通りサイコロまかせですし、『カントリーサインの旅』もカードの引いた順に市町村を回り、『絵はがきの旅』もまた同じように偶然引いた絵はがきの風景を求めて旅に出ます。「水曜どうでしょう」の偶然性というのは、まず一つはこのように「次の行き先を偶然にまかせる」というのが典型的にあります。

もう一つの偶然性は、企画進行中に起こるハプニングです。わかりやすいのはベトナムのハノイからホーチミンを目指すカブの旅で、雨が降りだし、相当ねばってカッパを着ないで走っていたけれども、とうとうたまりかねて着込んだら途端にカンカン照りになり、暑くてカッパを脱ぐとまた雨が降り、ということが繰り返し起きています。見ていると、よくもまあこんなに天候に裏切られるものだ、と思ってしまいます。
また、別の企画でも行く先々で楽しみにしていた観光施設などが定休日だったということが、よく起こります。ノルウェーのムンク美術館、高知のうどん屋、恐山温泉など、キリがありません。こういう偶然とその結果起こることが、間違いなく「水曜どうでしょう」の面白さの一つの源泉になっていると言えるでしょう。

偶然ではない

このことについて、私は藤村さんに「よくこういう偶然が起こりますね」とお聞きしたのですが、藤村さんはそういうふうには捉えていませんでした。

藤村　偶然って、世の中そうやって、すべてのこと偶然じゃないですか。バスが何時に来るっていうのは違うけど、それ以外のことは、だれと会うとか、それこそ天気なんて偶然でしかありえないから、「奇跡のような」「よくあんなこと起こりましたねぇ」とかって言われるんだけど、「や、みんな起こってるんじゃないのかなぁ」っていうのが基本的にはあるので、その状況をあの集団が、どうやって取り込むかっていうことなんですよ。その状況、雨が降ったっていうだけだったら、ただ単に雨宿りすればそこで終わった話なんですよ。たぶんテレビのロケであああいう大雨ってあると思う。そしたらすぐに雨宿りして、「やぁこらちょっとやむまで待ちましょう」ってね。で晴れたらまた行くんです。これはハプニングでも何でもなく。それっていつでもあると思うんですよね。そりゃあ雨の状況のなかで、大泉は大泉なりに、「あ、そこ、そこマズイんじゃないのかなぁ」と思いつつ、俺は何となく「や、これはいいなぁ」って思いつつ。っていうのをそれぞれに、役割のなかで何となく思ってる。

まぁガイドさんもね、「やぁ、もうちょっとしたらやみます。もうちょっと走りましょう」って言ってるもんだから。それを俺が「でも、もうやめましょう!」って言ったら、たぶん終わりだし。僕はやめなかった。だから、ああいうふうになった、っていうだけで。偶然ではなく、必然でそういうふうに。あの集団で行くと、自分たちがやりやすい方向に持っていかせる力が、僕らにはある。だから、何があったって拾おうと思ったら拾えるし。僕が、「あ、これ拾わなくていいや」と思ったら拾わないだけで。その判断はたぶん僕が言ってるんだと思うんですよね。

よくよく考えたら、雨が降るなんていっつもあること。特にベトナムに行ったのは雨季だったから、絶対に雨降るでしょう。別に奇跡でもなんでもないでしょう。

そう、その通りなんです。雨期のベトナムで雨が降ること自体は珍しいことでも何でもない。だから、ああいうふうに雨が降るということが問題なのではないのです。問題は、雨が降ってきたときに雨宿りをするかどうか、そしてそのときにカメラを回し続けているかどうか、ということなのです。

偶然と計算ずくの間

ある出来事があったときに、それはどのように受けとめても面白い偶然なのではなく、受けとめる側がどう受けとめるかによって偶然になるかどうかが決まっていく。では、雨のときに走り続けてカメラを回し続ければ必ず面白い場面になるのか、これは必然なのかというと、必ずしもそういうものでもない。

佐々木 逆に、必然というか、このまま行ったら確実に、面白い偶然が起こったように撮れる、みたいな感じがあるんですかね。撮ってる現場のときとかは。

藤村　……う〜ん。面白い方向に行けるっていう。それがどうなるかわからんけど。たとえば雨が降ってきたら、過ぎてしまえばいいけど、過ぎようがないし、そこに行くまでの道のりの話の筋としては、たぶん面白いセリフが出てくる、という方向だけでそっちに行くんですよ。

結果って別に求めていない、判断するときに。今この状況で、たとえば雨が降ってきて、大泉が「藤村くん、雨降ってるじゃないか！」って、僕はこのセリフだけでいいんですよ。それによって雨宿りするかどうかの判断は別にどうでもよくて、たぶんこういうセリフが三秒後に出てくるだろう、一分後に出てくるだろうということが読めればそっちに行くだけの話、ですね。だからそんなに計算はないんですよ、こっちにいったほうがっていうのは。ただ目先として、今この状況ではこっちにいったらたぶん二分後くらいにはこういうセリフが出てくるんじゃねぇか、とか僕が今こうやって言ったほうが言いやすいんじゃないかとか、っていうだけですねぇ。うん。そこには思い切った判断は別にない。

起こったことは、単なる偶然ではない。と同時に、計算ずくでもない。偶然と計算ずくの間のことをやっているわけです。

先ほどの発言にあったように、多くのことは偶然だと思えば偶然なんです。偶然の種というか、偶然と解釈できることはごろごろある。そして、それを「偶然」というフレームで切り取るからこそ偶然が偶然として成立するのです。

むしろ、私たちは日頃、偶然の種（偶然と解釈してもいいこと）に囲まれて生きていながら、それを偶然とは解釈しないでいるわけです。臨床心理学者の河合隼雄は、作家の村上春樹との対談のなかでこの偶然性について、このように述べています。

「現実にはおもしろい偶然はそうそう起こらない、という前提の上に現代の小説が書かれているとすると、それはみんなSFなのです、ぼくに言わせれば。近代小説にはほんとのリアリティーなんかは書いてなくて、あれは空想科学小説みたいなもんです。科学に縛られて、つまり、因果的に説明可能なことしか起こってはならないとか、そんなばかなことはないんです。実際にぼくが遭遇している現実では偶然ということが多いんですよ。」

「ぼくは何をしているのかというと、偶然待ちの商売をしているのです。みんな偶然を待つ力がないから、何か必然的な方法で治そうとして、全部失敗するのです。ぼくは治そうとなんかせずに、ただずっと偶然を待っているんです。」
（河合隼雄・村上春樹『村上春樹、河合隼雄に会いにいく』一九九六年、岩波書店、一二七〜一二八ページ）

どうもわれわれは、偶然というものを、たまにしか起きないものだと捉える習性があるようです。ですが藤村さんは、面白いものが出てきそうな匂いのするほうへ次の一手、次の一手とたどっていくことで、われわれの目には「面白い偶然」と映るものが出てくると考えているということのようですね。偶然はたくさんある。でも、面白い偶然は、捉える側がきちんと構えていないと捉えられない。

カウンセリングと偶然

少し余談になりますが、私がふだんかかわっているカウンセリングのなかでも、この偶然という要素はとても重要なんです。カウンセリングに来る人（クライエントと呼びます）のなかには、だれがどう見てもどうやっても解決できないな、という大変な問題を抱えている人が来ることも少なくありません。ちょっと聞いただけでも、この大変さに対してはとりあえず打つ手がないと思える場合もよくあります。よほど都合のいい偶然が起きない限りはこの大変さがなくなっていったりはしそうにないな、というような状況です。

そういうときにはどうすればいいでしょうか。どう思われますか？　よく、カウンセラーは専門家なのだから、どういう状況にも「こうアプローチすればいい」という技を持っているというふうに考えられがちなのですが、実はすぐにこうアプローチすればいいということがわかるような問題というのは、乱暴に言えば大した問題ではないんです。そういうアプローチが見えないときこそが本当に困ったときなんですね。

カウンセラー（単に相談を受ける仕事をしているとか資格を持っているとかいうことではなく、ちゃんと訓練されたカウンセラーは、ということですが）は、簡単に言うと、その「よほど都合のいい偶然」というのが起こるまで持ちこたえる、ということをやるわけです。有り体にいうと、「待つ」のです。簡単だと思いますか？　思えるかも知れませんね。でも、これは決して簡単なことではないんです。何しろ、待ったところで何かが起こるという保証はないんですから。何も起こらないかもしれません。でも、それ以上にできることがないということが現にあるわけです。

そういう方が来られたときには、できることは二つしかありません。「今ここでできることはないですから」とお断りするか、それとも、「今はどうしていいのかさっぱりわからないけれども一緒に待つことをやりましょう」と言うか、どちらかです。

ただ、待つときにも待ち方というものがあります。一つは、待ちながらも、少しでもましなのはどういう方向かを考え続けることです。それが起きたからって全然解決なんかしないけれども、でも起こらないよりはまし、ということを探っていくということでもあります。

もう一つは、少しでも偶然が起きやすいような状況を整えることです。偶然が起きやすい状況というのも変に聞こえるかもしれませんが、偶然が起きにくい状況というものは考えられますよね。偶然が起きにくいというのは、多くのことがコントロールされ、理由づけされ、あらかじめどうするかが決められているという状況です。そういうのは、偶然からは一番遠いですね。だから、その逆をやるんです。ものごとをコントロールせず、理由をつけず、どうするかはその場その場で決める。ただ、本当に何もコントロールしないと、ぐずぐずになってしまいますから、このコントロールしない・理由づけしない・あらかじめ決めないということを成立させるための工夫が必要になります。

　この工夫として、カウンセリングの世界では、特に「枠」というものがあります。カウンセラーは通常、決まった場所、決まった曜日、決まった時間（普通は五〇分）にしかクライエントと会いません。また、料金をしっかりいただきます。

　もっとも、この本を書いている現在、実はこの考え方はカウンセリングをする人たちの間でも必ずしも一般的ではありません。カウンセラーはカウンセリングルームに閉じこもっていてはいけない、困っている人がいたらそこまで出かけていってできることをすべきだ、というのが当世流行の考え方です。これにはもちろん一理ありますが、問題は、困っている人のところに何を持って出かけていくかということです。私は、もし外に何かを持ち出すとしたら、それは「治療的空間」でしかないだろうと思っています（このあたりのことは、精神科医の中井久夫先生が精神科医療の往診のことについておっしゃっていることを参考にしています）。外に行ったらカウンセラーが自分の身一つで治療的空間を作り出さなければならないし、カウンセリングルームにいたら、その部分の仕事を「枠」に任せられる、というだけの違いです。

そうすると何が起こるかというと、カウンセリングの時間とそれ以外の時間がくっきりと分かれるわけです。カウンセリングの場が日常とは全然違う空間になるんですね。そういうふうにすると、そのなかでコントロールなし、理由なし、その場で考える、ということをやっていてもとりあえず生活全体がぐずぐずになることはありません。そうやっている間に、カウンセリングの場で、これまで思いもつかなかったようなことをクライエント自身が思いついたり、思いがけず気分が変わったりということが起きます。そうすると、日常の状況のなかでびっくりするような偶然が起きて、いくばくかでもその人の抱えている荷が軽くなったりすることがあるのです。

何だかすごく脱線してしまいましたね。すみません。

しかしこの話、あながち「どうでしょう」と関係ないわけでもないとは思うんです。どう関係あるかということをこれから言いますね。

「どうでしょう」での枠

藤村さんは、先ほどおっしゃっていたような撮り方ができることの要因に、次のようなことを挙げています。

藤村　状況を見て、そのとき僕がそう思っただけで、何の理屈もないことだけど、でもあの四人の役割で考えると、大泉、鈴井、嬉野、僕っていう役割、それからキャラクターを考えると、割とストーリーは立てやすい。それがもしかして初めての人だったら、このストーリーは一瞬では立てられないと思うんですよね。この人はこうするとかってわからないですよね。そうなると、その雨が降ったときの判断っていうのは、僕のものでしかなくなっちゃうからちょっと不安ではある。初めての場合にはやりにくいかもしれないですね。初めてとはいえ、何となく人それぞれの性格はつかんでるから、ま、こっちには行くっていう判断はするだろうけど。ま、そこまでの緻密なストーリーは組み立てられないかもしれないですね。

佐々木　うん、うん。

藤村　だから乱暴に、偶然に、行き当たりばったりのように見えるけど、それは必然で、この四人とかかわってるそれぞれの役割があるから、こういうふうに言ったらこういうストーリーになるだろうという、筋道が一応その瞬間にできる。だから、コントロールするっていうことができてるから、結局、行き当たりばったりではないんですよね。自分たちの感覚として。……一応コントロールはしてるんですよね。って、まぁ僕が思ってるだけだけどね。

でもたぶん、僕が思ってることを、ほかの三人はわかってると思うんですよね。「藤村さんはたぶん、わかってる」って。一回だけだもんね。「藤村さんが何をしたいのかわからん」って大泉が言ったのは一回だけ。今まで一〇数年やってきて。それ以外はたぶんあいつは『あぁ〜。藤村さん、こうやりたいんだ』っていうのはわかってるから。うん……そういう人がいるとそれが方向になるし、あと間違ってるか面白くなるかどうかわからんけど、とりあえずやるという人が、必ず一人いるっていうことで、それは行き当たりばったりでも偶然でも何でもない。って僕らは思うんです。

佐々木　うんうん。ロジカルに、偶然じゃないっていうことが言えるっていう。

藤村　うん。そうそう。

佐々木　そうかぁ。うん……見てるほうからすると、藤村さんたちと一緒に偶然にあってるような感じで見ているので。実はそういうふうに考えて撮ってるっていうのが想像しにくいのかもしれないですけど。

藤村　や、それは起こることはね、偶然で。俺はびっくりするし。「お！　何だこれは」ってびっくりする。その瞬間はそりゃ偶然。で、その瞬間はたぶんみんなと同じようにわれわれも驚いてる。で、その後になると、たぶんわれわれは、その一回ぽんっと起きた事象をすぐ組み立てる。

佐々木　ふんふん。

藤村　だから、ただ単に驚いて驚いて、どうしたらいいかっていうんじゃなくて、何となくその方向を、ぽんと起きたことによって、すっとある方向にいくんだと思うんですよね。見てるほうは、ぽんと起きた状況で、「どうなるんだろう」「いやぁどうしちゃうんだ、この人たちは」っていう目線で見てるだろうけど。たぶん僕らのなかではぽーんと起きて、まぁどうしようっていうのもあるけれども、たぶん何かの考え方としてはすっと一つになってるから、迷ってはいないし、慌ててはいないんですよ。

佐々木　それはもう、すごいチームとして成立してる……。

藤村　うん。そうですね。だから「どうしよう、どうしよう」でやってると、たぶん見てるほうが怖くて見てられなくなる、と思うんですよ。

佐々木　そうですよねぇ。

藤村 それを僕らの場合はどっかで、俺は笑ってたり、「やばいんじゃないの!?」って言ってたり、大泉は俺がいるから、慌てたふうにドタバタして「やばいでしょ」「やばいでしょ」って言ってもまぁイヤに見えないし。本当には慌ててない、だろうと思うんですよね。

佐々木 確かにあの番組のなかで、ごくたまに藤村さんが「悪かったよ」って言うところありますよね?

藤村 (笑)

佐々木 あれが、見てるほうにはすごいショックなんですよ。

藤村 ほほほほほ(笑)。

佐々木 ショックと言うか、すごいこう、衝撃的なことが起きてる……。

藤村 あぁ~。そうねぇ。

佐々木 だからそういうことはやっぱり、全部が織り込み済みで、何ていうんですかね、段取り通り決まってるっていう意味ではなくて、何かこう安心できる範囲内で起きてるってふだんには感じて見てるんですよねぇ。見てるほうは。

藤村 うんうん。そうそう。何かねぇ、本当に偶然のなかでとか行き当たりばったりとか、運任せとか、ハプニングとかっていう感じの衣はまとってる。で、人もそれを期待して見てはいるんだけど、ほんとにハプニングだとかなんだとかが連続しちゃうと、もうねえ。わやわやになって見てられないから、そういう衣はまとっているけれども、実はおなじみのことをずっとやっているだけで。だからたまに、そのほんとに「あ、これ僕違うな」と思って、「ごめんなさい」って謝ることも(笑)。それは自分がコントロールしてたと思ったらね、違うことが。だから「あ、これきつかったなぁ……大泉さんごめんなさいねぇ」って言うと、それは確かにねぇ。そうですねぇ。

佐々木 うん、うん。

藤村 でもま、僕がそうやって謝ったりとか、たまに折れたりとか、そういうことも含めて、そうなるとだれかがコントロールをたぶんしている。大泉は「そりゃ藤村君。そりゃ君もう反省しなよ」って言うことによってみんなが笑うから、今度は彼がそういうイニシアチブとってるだけの話、ですよね。迷ってはいないですけどねぇ。

藤村さんがおっしゃっているのは、方向を始めから定めて決め打ちをするような撮り方はしていないし、そうしないことで面白いものが撮れているけれども、しっかり

したものが全然ないと「わやわやになって」見ていられないものになるということ、そして、この四人でやっていくなかでそれぞれ役割があり、何かがあったときにどうすればいいかということをそれぞれがわかっていて、しかもそれぞれがお互いに「それぞれがわかっていることをわかっている」からだ、ということです。

これは、先ほど長々と書いたカウンセリングの考え方を使えば、このメンバーでやっているということが「枠」として機能しているからだ、ということが言えるでしょう。

ああ、ちゃんとカウンセリングの話とつながりましたね。よかったです。

「物語」上の偶然と「メタ物語」上の必然

さて、今度はこの偶然であり必然であるという一見すると矛盾に見えること、「物語」と「メタ物語」を使って位置づけてみましょう。

番組を見ていると、確かに話のなかで偶然というのは起こっていますし、それによって行き先が変わったりはします。企画のなか、つまり「物語」のなかでは偶然性が全体を左右しているわけです。しかし、その偶然が番組全体を左右しているとき、それでも番組そのものは成立し、偶然が「面白い偶然」として機能していくには、何らかの枠組みが必要になってきます。これは、「メタ物語」のレベルで、「偶然が必然的に起こるような枠組み」という形で番組を支えています。

例を挙げましょう。『サイコロの旅』は、次の行き先を六つボードに挙げて、サイコロを投げて出た目に書いてある場所へ行くという、まさに偶然に任せた企画です。ご存知の通り、この企画は、どこへ行くのもサイコロ次第で、何が出るかというのは振ってみるまでわかりません。この場面は、出演陣のみならず、視聴者もかなりの緊張感を味わいます。しかし、行き先は、すでにボードに書いてある六つの選択肢のなかから選ばれるものです。そのボードに書いてある選択肢は「今いるところから行くことが可能な六つの場所」なのです。逆に言うと、行くことが不可能な場所はそこには書いてありません。サイコロの目が何になっても、とりあえずそこへ向けてスタートを切ることができるという場所が用意されている。行くことが不可能な場所は用意されていないわけです。

つまり、「物語」としては偶然に次の行き先が決まりますが、「メタ物語」としてはどんな偶然が起きても旅そのものが破綻しないように仕掛けがしてあるということです。別の言い方をすると、「予想外のことが起こることは予想している」ということになります。これは、予想通りということとは違います。ですから、ある意味、製作者としては予想は必ず当たるわけです。予想そのものが当たったらもちろん当たりですし、それが外れても「きっと予想が外れる」ということは予想していますから。

それから、もともと選択肢の数が少ないときは、先回りとか下調べとか予想をしないということが非常に重要です。旅の途中で名所に行くというようなエピソードがあったとき、もし先に調べてしまったら休みの日くらいはわかりますから、「開いているのがわかっている日に行く」か「休みだということを知っていながらあえて行って、驚いているふりをする」の二つくらいしかできることがありません。どちらにしてもあまり面白くないですね。しかし、調べずに行くと、もし開いていたらそのまま入ればいいですし、閉まっていたらびっくりしてがっかりするという画《え》が撮れるわけですから、どちらでも面白いわけです。このように、調べないで行くということがこの場合の「メタ物語」を成立させるための仕掛けになっているのです。「物語」でうまくいかなくなったときにも「メタ物語」ではうまくいくように仕掛けられているわけですね。

さて、今回は、反復と偶然をキーワードに「水曜どうでしょう」について「物語」と「メタ物語」という枠組みで説明を試みるとどうなるか、ということをお話ししてきました。この二つのキーワードはパッと見にも「水曜どうでしょう」を特徴づける言葉だということはわかると思いますが、そのことは、繰り返しの気持ち良さと忌避、または偶然性と必然性という、一見対立することを、「物語」と「メタ物語」にうまく割り振ることで成立していると考えることができます。このように考えていくと、この物語の二重性という考え方はそんなに悪くないアイディアだといってもいいいんじゃないかと思います。

この二つに限らずですが、互いに矛盾する二つの要素が一つの枠組みのなかに無理なく収まると、収まらなかったときには見えなかった新しい世界が起動するということは、皆さんも経験的に覚えのあるところではないでしょうか。「水曜どうでしょう」の場合、また、そんなに複雑なことをやっているようには見えないということも大事なのですが、これについてはまた別の日にまとめてお話しすることにいたしましょう。

今回も長くなってしまいました。お疲れさまでした。

第4講

旅の仲間のそれぞれの役割

はい、それでは始めましょうか。

今回は、出演者の大泉さん、鈴井さん、ディレクターの藤村さん、嬉野さんが番組のなかでそれぞれどんな役割を担っているのか、ということについてお話ししていきましょう。

前回の藤村さんのお話のなかで、何かが起こってもこの四人の役割がはっきりしているので、あえて確認しなくても番組が成立していくんだということが出てきましたね。この、四人の役割というのは具体的に言うとどういうものなのか、ということについて考えていきましょう。

それぞれの役割

1 大泉さんの役割・「物語」から飛び出す役者

まずはこの番組の顔とも言えるキャラクターの、大泉洋さんについてです。番組のなかでの大泉さんの「役割」と言えば、いまさら考えるまでもなく、メインの出演者であり、番組の企画のなかでだまされ、ぼやき、ひどい目にあいつつ面白いことを言う、というもので、何もわかりにくいことがありません。番組の魅力は大泉洋さんのキャラクターだと言い切る人もいるくらいの存在感です。しかし、このキャラクターを「物語」と「メタ物語」という観点から考えてみると、いろいろなことが見えてきます。

まず、「物語」のなかでの大泉さんですが、これはさっきも言いましたように、企画の出演者ということで、「物語」の中心にいるわけです。これは目に見える部分であって、やっている大きな仕事は「面白いことを言う」ことと「だまされる」ことです。「面白いことを言う」は、言うこと(内容)も大事なのですが、もっと大事なのは言い方です。ディレクター陣も言っていますが、大泉さんの言い方の節回しや強弱のつけかた、リズムが非常に強い気持ちの良さを生み出していると考えられます。

『東北2泊3日生き地獄ツアー』での、有名な(前出の)「腹を割って話そう」のシーンでは、絶妙なのは「腹を割って話そう!」と言うときの強勢の置き方です。そして、そのセリフに至るまでには独特の節回しで「すると現われたのがこのヒゲなんですよお」「青鬼の大泉ですよ」といったメロディアスなぼやき、これはテンポとしてはゆっくりめですね、これを引っ張って引っ張って、あるところで「腹を割って話そう!」

と爆発させる。ここが非常におかしいわけです。中盤でパスを華麗につないで、回して回して相手を翻弄した後に、ゴール前の一発の縦パスから豪快にシュートを決めたような爽快感です。この場合、言っている内容の面白さももちろん大事なのですが、やはりその言い方がおかしい。その証拠に、この場面、何回見ても笑えるんです。よくご承知のこととは思いますけど。内容で笑っているんなら二回目からは面白さは減るはずなんですよ、知ってるんですから、中身は。でも、なぜか何度も笑える。

別の例を挙げましょうか。これもまた有名なシーンである、『シェフ大泉　夏野菜スペシャル』の「おい、パイ食わねえか」のシーンです。

この企画では、「夏野菜を使って料理を作る」という企画と聞かされていた大泉さんが、初日、料理する気満々でやってくるのですが、当日になって藤村さんに「まず、野菜を作ろう」と畑の開墾をさせられます。次の回では、今度こそ料理だと思って張り切っていると、今度は皿がないので作りに陶芸をしに行くと言われます。大泉さんはこのとき、知り合いのイタリア料理店の店長に頼んで撮影のためにパイ生地を作ってもらっていたのですが、前回の生地は腐らせ、今回も同じように腐らせることになりそうでした。二回も同じ手でだまされたと意気消沈しているところに、藤村さんに

「こっちは頼んじゃいないんだから」と油をそそがれ、大泉さんはとうとう本気で怒りだします。

さてこのシーン、これなどはまさに節回しのおかしさがよくわかります。だまされた大泉さんが藤村さんに憤りを語るときのテンポはとてもゆっくりです。「そうかそうか、そういうこと言うか」とゆっくりと話し、テンポはそのままで「おぉーい。藤村くぅーん」と、強勢のある言葉が語られます。ここで一段ギアチェンジですね。そして、テンポを保ったまま、「選べよ。（実家の）名古屋か？　それとも君の家か？」とリズムを強調する言葉でためつつ引っ張り、ここから「おい、パイ食わねえか」とトップギアに入った言葉につながっていくのですね。

この「パイ食わねえか」の「パイ」（正確にいうと「パイ」の「パ」）に強勢がおかれたこの言い回しが、なんとも言えないおかしさを引き起こします。言葉の言い方の一連の動きが、本当に流麗なメロディのようです。ただしこのテンポには、藤村さんの入れる合いの手と、藤村さんの編集が大きく関与しているのですが、このことについては藤村さんの項でお話ししましょう。

このように大泉さんは「物語」のなかでは中心となる出演者ですが、それでは「メタ物語」の上ではどういうことになるでしょうか。大泉さんはここでは「役者役の役者」ということになります【図⑨】。「メタ物語」では四人はすべて出演者であり、大泉さんはそのなかで「『物語』上の出演者を演じる出演者」なのです。

この「物語」上の出演者は、画面のなかから「物語」を撮っているディレクターに話しかけたり話しかけられたりします。これは物語が一層だけしかないとしたらありえない話です。画面から、こちら側に出てきちゃうんですね。本来なら、これはおかしいわけです。

役者が撮影中に撮っている人に食ってかかったら変ですよね。でも、物語が二重ならば、奥の「物語」から手前の「メタ物語」に向かって話しかけても、それは二重の物語全体から見ればはみ出していません。

もう一つ起こるのは、実際に「物語」フレームから出てしまう、つまり、大泉さん

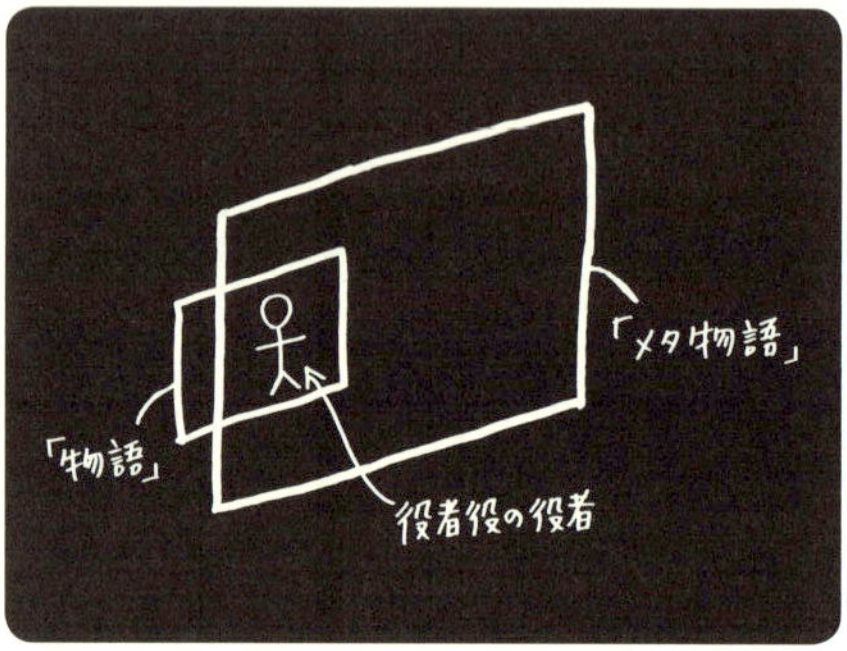

図⑨

が、映らない場所に動いてしまう、カメラのこちら側に来てしまうということです。全く出演者の顔が映らないで、その出演者とディレクターが会話している。

大泉さんは、「物語」の画面のなかに収まっているときに、「物語」の画面からその外側に話しかけることも、自分自身がその画面の外に出てしまうこともあるわけです。軸足は物語のなかに置きながら、メタ物語のほうにも飛び出してくるわけですね。ですから、大泉さんは、「物語」と「メタ物語」をつなぐ役割を担っているということになります。

2 藤村さんの役割・「物語」に飛びこむディレクター

では次は、藤村さんの役割を考えていきましょう。

藤村さんは「水曜どうでしょう」のチーフディレクターとして、企画、演出、編集、ナレーションなど、多岐にわたる仕事を担当しています。大泉さんが出演者としての番組の顔なら、藤村さんは制作者としての番組の顔と言えるでしょう。

第3講のときにも話しましたが「水曜どうでしょう」の撮影現場で「偶然」を引き出すときに、大きな枠組みを維持しているのは藤村さんで、そのなかでいくら暴れてもよい土俵を用意する存在ということ、また、「水曜どうでしょう」の特徴の一つであるテンポのいい編集を担っている人でもあります。

さらに、制作者として番組を動かしていると同時に、企画のなかでどんどんしゃべって展開を作り出していくというキャラクターでもあります。先ほどの大泉さんの話でも出ましたが、大泉さんの話は、藤村さんの合いの手が入ることでよりいっそう展開していくというところがあります。

例を挙げてみましょう。

マレーシアでの『ジャングル・リベンジ』のときのことです。動物観察小屋で過ごす一夜のあまりのつらさに音をあげた藤村さんは、自ら「もう絶対来ないから！」「絶対もう、二度と来ないから！」と泣きを入れます。それに答えて大泉さんが「もちろんだ。忘れるな、この経験を……」と力強く藤村さんに返します。ここまではふつうの会話なのですが、次の藤村さんの悲鳴のような「絶対忘れないよ、今回は絶対忘れないよ！」が、大泉さんの「がんばるぞ」「のりきるぞ」の後の「あと九時間したら救助来るから」という、その場にいる全員の笑いを誘う言葉を引きだします。さらにのってきた大泉さんは、「もどったらすぐ謝罪会見開くぞ」「これだけ迷惑かけてるんだからな」とたたみかけます。「どうもすいませんでしたっ」と会見の様子を演じる大泉さんに、藤村さんが「土下座して謝る」と続けます。そして、藤村さんの「弁護士も雇わない……」という言葉に、何か言いかけていた大泉さんが思わず爆笑してしまうのです。これは、合いの手というよりもずいぶん藤村さん主導の流れではありますが、いずれにしても大泉さんと藤村さんのかけあいが笑いを展開させていっているという流れがあります。

また、先ほど例に挙げた、『シェフ大泉　夏野菜スペシャル』での大泉さんの「パイ食わねえか」というセリフに至る一連の流れでも、だまされて、料理の場面の収録もないのに知り合いの店長にパイ生地を練ってもらったことをぼやいている大泉さんに、藤村さんは、「パイ生地を練ってもらうなんて、こっちはひとことも頼んでないわけだから」と火に油を注ぐような発言をし、それに乗る形であの名場面が生まれていくという展開があります。ということで、藤村さんはかなり積極的に「物語」のなかにコミットしていきます。

では、「物語」と「メタ物語」の二重構造のなかではどんなふうに考えたらいいでしょうか。

実は藤村さんも、この二つの世界をつなぐ役割を果たしています。ただ、大泉さんさんとは違って、軸足を「メタ物語」のほうに置いているのです。だいたいにおいてディレクターがしゃべること自体がおかしいわけですが、そのしゃべりの多くは「物語」のなか、つまり出演者である大泉さんと鈴井さんに向けて放たれています。それか、「メタ物語」のほうに出てきている大泉さんにですね。そして、決して視聴者に直接呼びかけることはありません。呼びかけるときは、ナレーションという形で話しますが、これはもう番組内の「藤村くん」というキャラクターとは離れています。こうやって、「メタ物語」のほうから「物語」のほうに話しかけることで二つの世界をつないでいるわけです。そして、大泉さんが画面の外に出ていってしまうように、藤村さんも画面のなかに入っていってしまいます。入っていっても基本的には藤村さんの全身がしっかりと映ることはあまりなく、また常に「むこう向き」か「半身」で、カメラに正対することはありません。

二〇一一年の作品ではハイビジョンのフレームになったこともあって、また、カブに藤村さん自らが乗っちゃったこともあって藤村さんの全身が映っていますが、それでも藤村さんは「カメラに向かう」ことはないのです。あくまで「むこう向き」でいる。

この藤村さんの存在を「物語」の水準で見ると、藤村さんは「物語」世界に含まれていないにもかかわらず、「物語」世界に関与してくる存在になります。そういう存在を何といえばいいでしょうか。これは「物語」上の存在としては、「神様」というポジションにいることになりますね。しかし、この神様は、ずいぶんと気さくな神様でありまして、ときに強権的にふるまうこともありますが（というか、そういうことが多いのですが）、対話可能な神様なのですね。こういうふうに作られている番組を見ていると、見ているほうは「世界は目に見えるものだけではない」という感じを自然と抱くかもしれませんね。

このように、大泉さんと藤村さんは二つの世界をつなぐ役割をとっているということが言えます。それでは、後の二人はどうなるでしょうか。

3 鈴井さんの役割・世界の向こうへ突き抜ける

鈴井さんは、大泉さんとともに「水曜どうでしょう」の出演者として欠かせないキャラクターです。企画によっては参加していないこともあるのですが、それは一時的なもので、鈴井さん抜きの「水曜どうでしょう」はとても考えられません。鈴井さんは「水曜どうでしょう」が「水曜どうでしょう」としてあるための、ある極めて重要な役割を担っているのですが、それがどんな役割であるかというのは意外とわかりにくいんです。というか、その役割がわかりにくい、ということそのものが重要なのですが。

初期のころはともかく、鈴井さんはだんだんと「しゃべらない」キャラクターになっていきます。「水曜どうでしょう」の番組が継続していくなかで、鈴井さん自身は途中で「やめようと思っていた」と「どうでしょう」の二冊目の写真集でも言っている通り、多くの葛藤を抱えつつの番組参加であったと思われます。今回、私は藤村さんと嬉野さんのお話は聞きましたが鈴井さんと直接お話はしていませんので、既出の文章などから推測するしかないのですが。でも、おそらくはそういう葛藤を抱えつつそこにいたということ自体が、番組にとってとても大事なことだったと私には思えるのです。では、その役割について考えてみましょう。

鈴井さんは、もちろん「物語」の出演者なのですが、基本的には「物語」から「メタ物語」のほうへは出てきません。大泉さんが企画に対して、というか企画を進行している藤村さんに対して「俺ヤダ」などと言うのは珍しくありませんが、鈴井さんはほとんどそういうことはしません。現実的な事情としては、鈴井さんも企画を考えている側だということはあるのでしょうが、いずれにしても番組上でそういうことはしないわけです。では、「物語」上に留まって普通の動きしかしないかというと、そうではありません。大泉さんとは別の意味でテレビ番組の出演者として普通ではありえない動きをします。

ベトナムのカブの旅では、道中の峠で前を走るトラックを追い抜くことに熱中して、とうとうカメラに映らないところまで行ってしまいます。また、『ヨーロッパ21ヵ国完全制覇』では、車のトランクの中に入れた風船のくまのプーさんに何か異変が起きたと思われたとき、トランクの中をチェックするのに、カメラよりも自分が先に見てしまい、しかもすぐにトランクを閉めてしまいます。また、東日本のカブ企画では、大泉さんがウイリーをしながらバリケードに激突しているのをよそに、先のほうへ走っていってしまいましたね。

このように、鈴井さんの特徴は「画面の向こう側に突き抜ける動き」をすることなのです【図⑩】。大泉さんがカメラのこちら側に来て映らなくなるように、鈴井さんは画面の向こう側に行って映らなくなる動きをしています。

鈴井さんが「向こう側に突き抜ける」のはまだいくらでも例を挙げることができます。

ベトナムのカブの旅では、カブで走っている鈴井さんが、ほかのメンバーの話を聞く唯一のツールである無線機を落としてしまい、しばらくの間、走行中は交信ができない状態になります。鈴井さんの話していることはほかの人には通じるんですが、ほかの人の話は鈴井さんには聞こえないわけです。シリーズの最後の企画で二人の出演者のうち一人がやりとりできない状態で話が進むなんて、常識的に見たらありえないことなのですが。これもある意味「向こう側に突き抜けた」状態といえるでしょう。そのうえさらにトラックを追い越したりするので、なおさら突き抜けてしまいます。ある種の「あの世」の状態ですね。ちなみに、このときは鈴井さんの奥さんが日本から無線機を届けてくれま

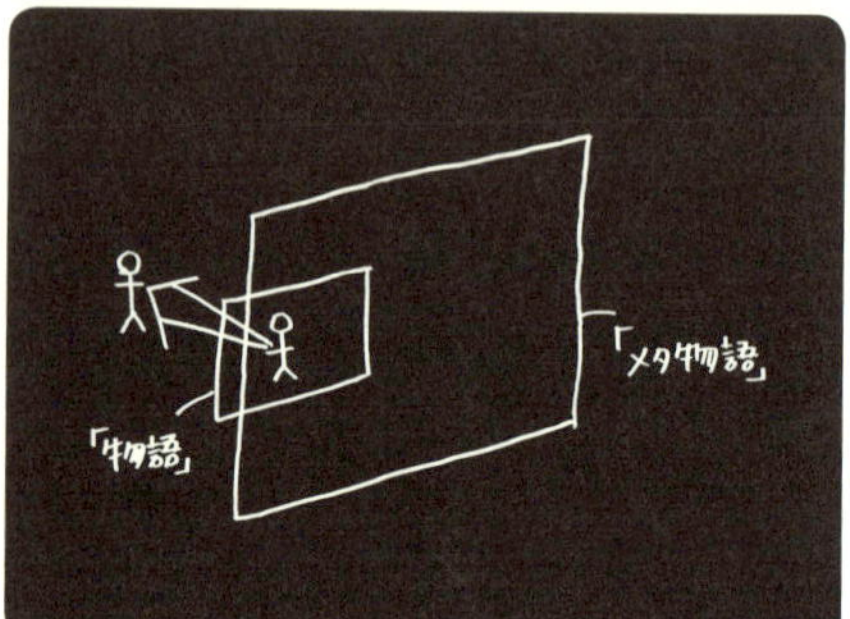

図⑩

す。鈴井さんは奥様の力で「この世」に戻ってこれたんですね。

また、『四国八十八ヵ所完全巡拝』では、そもそも参加をしていません。ですが、フレームの話をしたときにも言いましたが、嬉野さんの撮り方により、画面には「鈴井さんがいない」ということが映っています。「いないのにいる」というか、「いるのにいない」というか、存在感はあるのに映っていないということで、これも画面の向こうに突き抜ける動きの一例ということが言えるでしょう。いずれにしても、「物語」から「メタ物語」の方向には出てこないものの、「物語」の向こう側に鈴井さんは突き抜けていっているわけで、おとなしく「物語」のなかには収まっていないのです。

このように、鈴井さんは存在感がありつつもその場から立ち去る人、という役割も担っています。立ち去るんだけど、いるんです。立ち去ることによって、そこに強い存在感を残す。このようなあり方というのは二重構造を持たない番組では考えられないことです。

そして、「その場にいないのにそこにいる」ということがわかりにくい。でも、そのようにしてしか出せない味、「水曜どうでしょう」という料理を食べたときに残る不思議な後味を醸し出しているものの一つは、間違いなく鈴井さんなのです。

4 嬉野さんの役割・画面のこちら側につなぐ

では、嬉野さんのことを考えてみましょう。嬉野さんはカメラ担当ディレクターとして全体を撮影していますが、画面のなかで全く話さないわけではないのですが、マイクの近くにいることがあってもそれほど多く話すわけではありません。そして、話すときでも藤村さんのように明瞭に大泉さんに向けて話すということでもありません（クリームパンを大泉さんに食べられちゃったときは別ですが）。しかし、『ジャングル探検 in マレーシア』のときに、動物観察小屋のそばに現われたものをトラだと全員が思い込み、右往左往しているときに嬉野さんが突然言う「シカでした」を始めとして、番組上でその発言が使われるときには、必ず強いインパクトをもたらすセリフになっています。もっとも、二〇一一年の作品では、カメラを回していないせいか、かなり藤村さんとの掛け合いが多いのですが。それから、撮影者としては、カメラを振らない・ズームで寄らないという動かないカメラで「水曜どうでしょう」の世界の土台を作っていることは第2講でお話しした通りです。そして、ファインダーを覗いていることもあって、嬉野さんは周囲で起きていることに気づかず、一人別の世界にいたということがあったようです。ということで、嬉野さんも鈴井さんと同様、「物語」と「メタ物語」をつなぐ役割は演じていません。カメラを操作しているだけにほとんど映りませんし、基本的には「メタ物語」のなかにいるわけです。

カメラを回しているなかでは、藤村さんのように話しかけたりはあまりしないものの、ごく稀に強力な存在感を示すことがあります。それが、撮影しながら寝るという技です。『四国八十八ヵ所』や『欧州リベンジ』でこの事件が起きています。

さらに、寝るだけではなくカメラを大泉さんにぶつけてしまうこともありました。この動きは、「物語」や出演者を撮ることを経由するのではなく、撮影者の存在を直接視聴者にぶつけてきます。これは「物語」と「メタ物語」という二重構造全体を揺るがす動きということでもあり、さらにその手前に何らかの世界があることを私たちに意識させます。そういう意味で、嬉野さんの存在は、メタ物語のこちら側に突き抜けているということができるでしょう【図⑪】。また、距

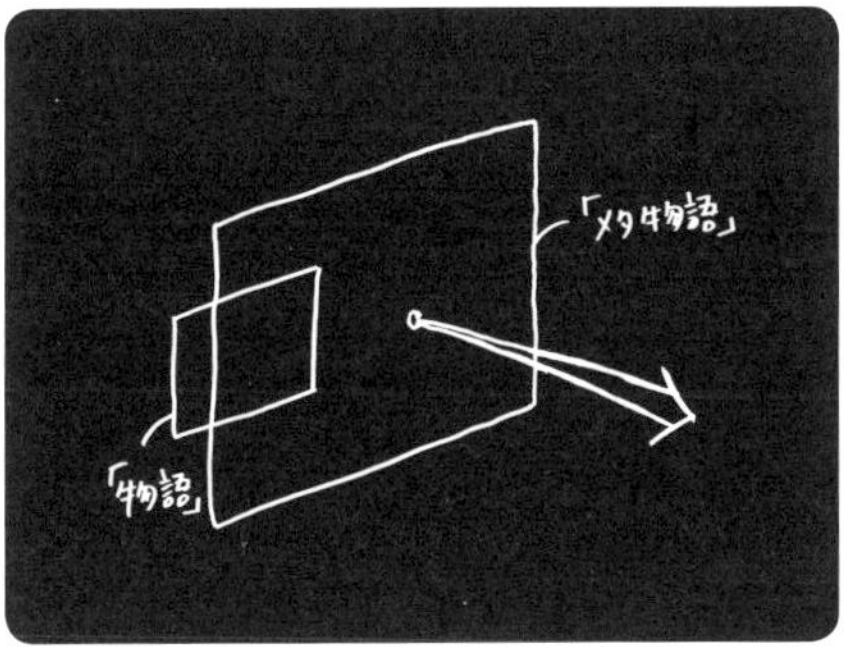

図⑪

離感の話でも出てきたように、嬉野さんは被写体との距離に敏感で、それもどちらかというといわゆる「引き」の画《え》を多用します。そのことも、少しだけカメラの位置がメタ物語のなかよりもこちら側、視聴者側に寄っているように感じられる一因になっていると思われます。

このような嬉野さんの役割は、鈴井さん同様、番組を見ている側からするとわかりにくいんです。わかりにくいのですが、鈴井さんが「かくし味」的な存在だったのに対して、嬉野さんは「下味」、料理全体の味付けのベースとなる基礎的な味付けを担当しているということになると思います。この下味があるからこそ、その上のメインの味付けがぐっと引き立つわけですね。

5 四人の役割

ここまで見てきたように、四人にはそれぞれの固有の役割があります。では、この役割が組み合わさるとどういうことになるかを考えていきましょう。

とりあえず、このたとえでうまく説明できるかどうかはわかりませんが、四人の動きをサッカーにたとえてみましょうか。

まず大泉さんは攻撃の中心で、リズミカルなドリブルで相手守備陣を突破することも鋭いパスを出すこともできるし、シュートの正確性も高いという、頼りになる選手です。その上、低い位置に下がってパスを受けるという動きも得意としています。これに対して藤村さんは、基本ディフェンダーなのですが、とにかく攻撃参加が多く、自分でもどんどんシュートを打っていきます。大泉さんは、この前線に上がった藤村さんとのパス交換をしたとき、攻撃力が最大になります。鈴井さんは、ボールを持っていないときの動きが素晴らしく、相手ディフェンダーを引きつける動きをしてシュートコースを作りますし、自分で持ち上がったときは味方をも驚かすトリッキーなシュートを決めてくれます。嬉野さんはゴールキーパーで、独特の動きで味方すら翻弄しつつもゴールは堅実に守ります。攻撃参加はほとんどありませんが、ときどき強力なゴールキックをダイレクトで相手ゴールに突き刺したりもします。

……このたとえで、わかりやすくなりましたか？　かえってわかりにくくなっていないといいのですが。ともかく、この話を続けると、この四人のチームの特徴は、攻撃陣と守備陣の役割が固定していないことです。通常の番組であれば、攻撃陣（撮られる人）と守備陣（撮る人）が固定していないなんてほとんど考えられないですよね。これを可能にしているのが、一つは四人という小さい所帯で番組を作っていることと、何度も出てきましたが、「物語」と「メタ物語」の二重構造があるということであると考えられます。

所帯が小さいということに関しては、嬉野さんがこのように述べています。

嬉野　小所帯なので、はっきりした柱っていう、それが常にはっきりとした柱になれるほど大きくはなれないんじゃないですかね。やっぱりそれは、構成員が少ないから、それぞれが分担しないと船が沈没するようなところは確かにあるかもしれないです。小所帯であるがゆえに。

佐々木　小さいからできるっていう……。

嬉野　小さいからそうなるんじゃないかと思うんですけどねぇ。

佐々木　四人でっていうのは始めっからそういうふうにしようという感じなんですねぇ。

嬉野　はいはい。

佐々木　それは結果としてよかったということになりますかねぇ。

嬉野　結果としてよかった感じはしますね。やっぱり四人だけでジャングルに入ると……ちょっと怯えるっていう、そういう数ですよね、四人て。

このように、四人という少人数であることから仕事が必ずしも固定できない、という側面もありますが、むしろそれが自由度のほうにつながっているようです。撮影で動き回る人数が多ければ多いほど役割を固定せざるをえなくなり、その瞬間その瞬間の判断に頼ることがどんどん難しくなっていくのでしょう。

そして、物語が二重になっているからこそ、このようなフレキシブルな動きが可能になっているという側面もあります。つまり、「物語」的には撮る人でありながら、「メタ物語」的には撮られる人である、というように二つの物語の狭間でどちらのポジションも取れる空間が生じるんですね。

この二重構造のなかで、それぞれがどのような役割を果たしているのかを図で示したものが下図です【図⑫】。大泉さんと藤村さんが二つの物語をつなぎ、鈴井さんと嬉野さんは

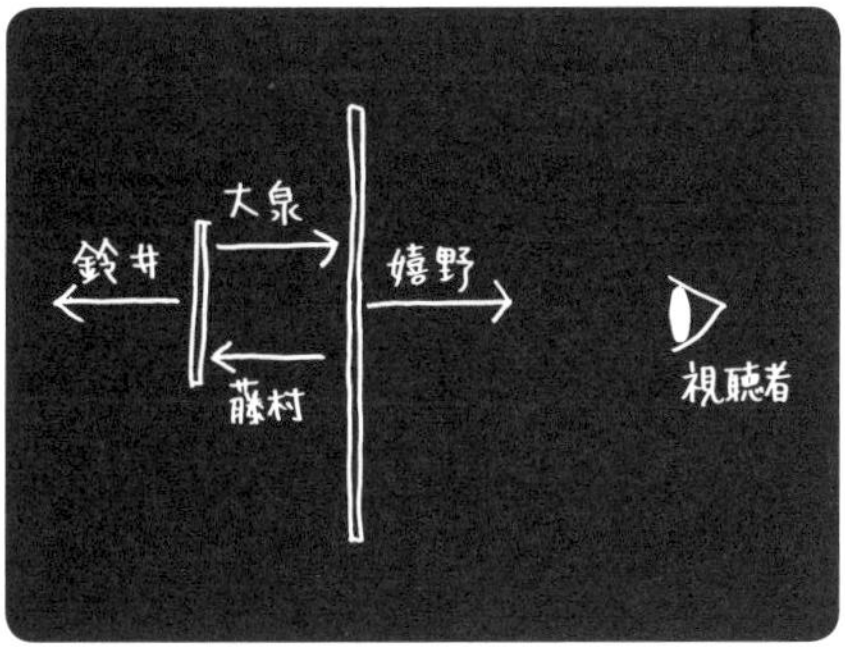

図⑫

それぞれ画面の奥と手前に世界を広げている。それぞれが、「物語」と「メタ物語」の構造のなかで、別々の、そして補完しあう役割をとっているのです。

四人がそれぞれ意識的かどうかはわかりませんが、この役割をしっかり理解しているからこそ、そのなかでどれだけ暴れてもいいというフレームワークができあがるのでしょう。このフレームワークのなかで、後はひたすら偶然を待ち、何か選択することがあれば少しでも偶然が起こる方向を選んでいくというのが、必然的に偶然を起こすということの意味になるのだと思います。

6 視聴者の立ち位置

ここまで、番組の四人の立ち位置と役割について話し、また、その四人がどう組み合わさるかについても言葉にしてきました。ここでもう一つ、われわれ視聴者は、どんな立ち位置に（結果的に）いるのか、ということについて考えておくことには価値がありそうです。これは、次回の第5講でまとめてお話しすることにいたしましょう。じらすわけではないのですが、いろいろな要素が絡みあってのことですから、そこでまとめて扱うことにしたほうがわかりやすいのでそういうことにさせてください。

二人のディレクターのこと

直接性の人と間接性の人

「水曜どうでしょう」のことを考えるにあたって、私は藤村さんと嬉野さんという二人のディレクターに三回にわたってそれぞれ合計約六時間ずつのインタビューを行ないました。それから、その後も機会あるごとにお二人とお話をしてきました。そんななかで、藤村さん、嬉野さんというこの二人の組み合わせの妙というものを感じざるをえませんでした。ここでは、私がお話をうかがうなかで感じたことについて採り上げていきたいと思います。

このお二人、とても性質が違うんです。当たり前ですけど。ただ、その違い方が、非常に対照的なのが印象に残りました。それはたとえば、「対象との距離のとり方」というところに

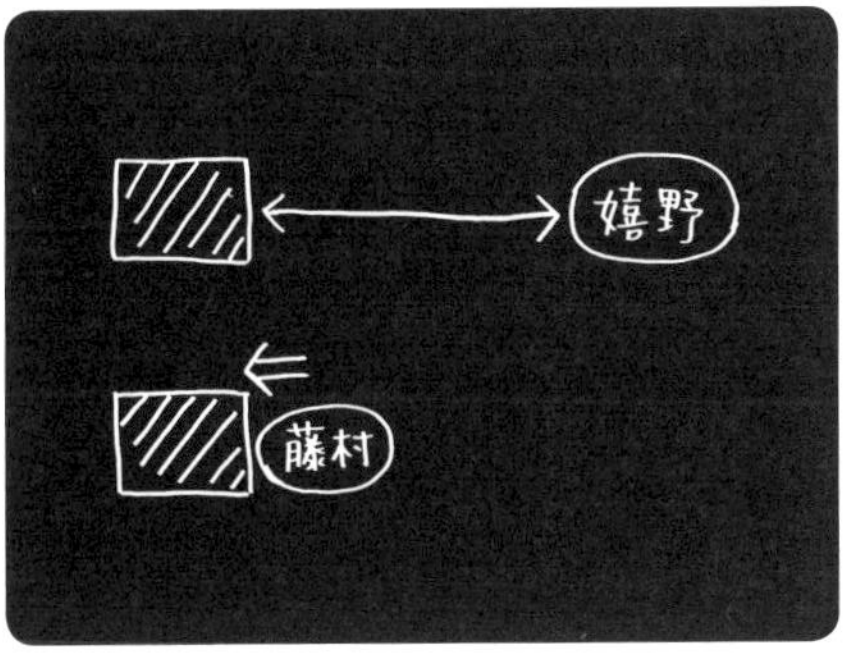

図⑬

現われています。嬉野さんは「距離を意識する」人なんですね。何かするときに、まずその相手とどのくらいの距離が適切なのかと考える。これに対して藤村さんは基本、体当たりから入ります【図⑬】。言い換えると、藤村さんは「直接性の人」、嬉野さんは「間接性の人」ということになります。

佐々木　まあ、本当に真逆なんですね。

藤村　全くそうですね(笑)。

佐々木　(笑)

藤村　俺、だってもう、「間接的」って、意味がわからないもんね。

佐々木・嬉野　(笑)

藤村　ほんと、間接的って意味がわからないもんね、何かね。

嬉野　でも俺、こう(距離を考える)なんだよね。

藤村　そうなんだね。

嬉野　どれぐらいの距離で俺がいるか、っていうことが、関心事で。

藤村　それがわからないんだよね。

「間接的」という意味がわからない、っていうのもすごい話ですが、本当にそういう感覚なんだそうです。これで思い出したのが、インタビューのなかで藤村さんが学生時代にラグビーをやっていた話が出たときのことです。

………………

佐々木　あともう一つお聞きしたかったのは、ラグビーなんですけど。学生時代にラグビーをやってたっていうのは、何かなるほどと思うようなところもあり、意外な気もするんですけど、それはどういうきっかけで——。

藤村　なんでしょうねえ……？　僕も本当にラグビーをやってるっていうのは、二面性の最たるもののような気がするんですよね。中学高校大学とやってたけど、一回も楽しいと思ったことないんですよね(笑)。

佐々木　あー、もう中学からやってて。

藤村　中学からやってて。一回も楽しいと思ったことがないんですよ。嫌いで……。今はラグビーなんか、やめた途端に見なくなりましたからね。じゃあ、あのスポーツ時代、僕はそんなに好きじゃなかったのかっていうのがあって。ただねえ、あれ——ぶつかれるじゃないですか人に。

佐々木　はいはい。

藤村　で――こう体が、こうそのままぶつかるっていう、あの快感だけのために、やってたんですよ、あれは本当に。最初に中学で始めたときの感覚はそれだったから。中学校に行ったときにたまたまラグビー部があって、じゃあ入部だなんつって。先輩にバーン！って当たってみたら、それが非常に気持ち良かった。

佐々木　ああー。

藤村　そんな経験ないじゃないですか、なかなか。人にそんな思いっ切り当たるなんていうのはさあ。それが――いきなり当たってみたら、非常に気持ち良くて。中学校に入って、先輩がこんなの（コンタクトバック）持って、「ちょっと、思いっきり当たってみろ」なんて言われるとふつうはなかなか、当たるのも怖いし、やるのも怖いし、なかなかぽーんと行けないもんなんだけど――俺だけ、思いっきり行ったんですよね。そしたら、「おー、いい当たりするねぇ」なんて言われて。これ気持ちいいなぁと思って、それだけなんじゃないですかねぇ。それやってるうちに、ぶつかりあうなかでの仲間っていうのがまぁ、人間として一緒に、やっている仲間っていうのがまぁ、好きになったっていうだけで。ラグビー自体は全然好きでも何でもなかった。それまで、体をぶつけあってスクラムのなかでは汚いこともやりつつみたいな（笑）、そういうところが自分には絶対なかったと思ってたんだけど、実はそういうのがあったんだと。そこで、だって快感を得てましたからねぇ。それがあったから、自分でもよくわからないけど、ラグビーっていうのをやめなかったですね、そういう快感があったから。

佐々木　なるほど。じゃあフロントローだっていうのがすごい大事だったんですかね。一列目の。

藤村　一列目の。

佐々木　フッカーでしたよね。

藤村　フッカー。ええ、フッカーですね。

この話からは、体をぶつけていくっていうことが藤村さんにとってとても大事だったということがわかります。

一方、この話とは別の文脈で、嬉野さんはこんなことを言っています。

嬉野　なんでしょうねぇ。あの人（藤村さん）は、肉体があるんだろうなと思うんですけどね。

佐々木　ん〜と……。

嬉野　「肉体があるんだろうな」ていう言い方もなんか、突飛ですけどね。私は自分であんまり肉体を感じないですね。

佐々木　なるほど〜。

嬉野　実際なんか、「あれをやりたいこれをやりたい」ってねえ、この五〇年間の間にいろんなことをやってきましたということでもないですからね。結局なんか自分のなかで抽象的なことは考えてきましたけどね。「ここは一体どこなんだろう」と、考えてきたっていう時間は長いんですけども、何かをやってきたんだよという時間はあんまりなくて。そういう意味で僕のなかにあまり肉体がないような気がしてね。

ちょっとわかりにくいかもしれませんが、嬉野さんは藤村さんには「肉体がある」、嬉野さんには「肉体がない」と感じているということでした。これが前の話とどうつながるかということを、お二人に分析の結果を伝える振り返りのインタビューから拾ってみましょう。

佐々木　面白かったのは、嬉野さんがインタビューのなかで、「肉体がある」「肉体がない」っていう表現をしていたんですけど。

藤村　うーん。

嬉野　そうそうそう。この人(自分のこと)自分で肉体があるとは思えないですから。

藤村　うん。

佐々木　(笑)たぶんそのことと、距離をとることがつながってますよね。距離をとるんだったら肉体なしでもいけるわけですよね。

嬉野　そうなんですよ。

藤村　あー。

佐々木　ぶつかるには肉体がないとぶつかれないので。

ということで、藤村さんのようにぶつかるには自分自身の肉体というものを強く感じていないとできないわけですが、嬉野さんのように距離をとろうとすると、肉体がなくてもいいわけです。直接接触がないんですから。こういった直接性・間接性というのがまず嬉野さんと藤村さんの違いの一つ目です。

外側に目が向く人、内側に目が向く人

二つ目は、一つ目の話ともつながるのですが、それぞれの関心の向け方の方向です。藤村さんの関心は、自分の外側からやってくることに向けられています。一方、嬉野さんは、自分自身のなかから出てくるものに関心が向いています。つまり、藤村さんは外から「何が」やってくるか、ということが気になり、嬉野さんは外からやってきたものが自分のなかで「どう感じられるか」、あるいは、自分でも説明がつかないけれども自分のなかから湧いて出てきたものは何かが気になっていると言えます【図⑭】。

藤村さんは、外への関心が強いために、外からやってくるさまざまなものを次々とさばいていくことが得意です。これに対して嬉野さんは、外からやってきたものとは一見つながりがないけれども後からじっくり考えると関係がある、というものを

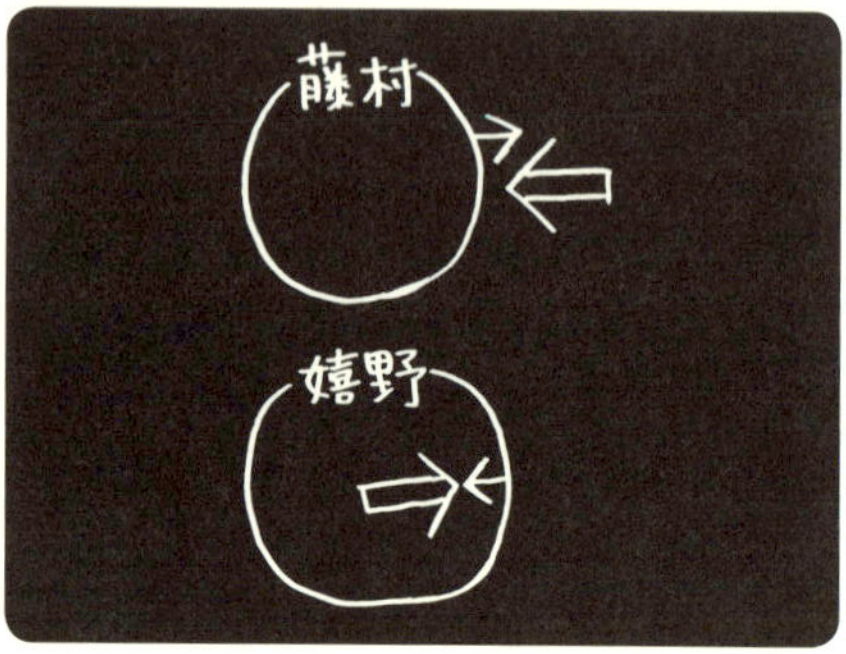

図⑭

キャッチすることが得意なのだと思われます。

嬉野さんのほうはわかりにくいかもしれません。でもたとえば嬉野さんは、番組の流れとは全然関係のなさそうな車窓を撮ったりしているのですが、それが後の編集で生かされることがあるわけです。嬉野さんはおそらく編集の素材にしようと思って撮っていたのではなく、自分の関心にしたがってカメラを回していたのだと思われます(もしかしたらそうでもないかもしれませんが)。それが編集のときに拾い上げられ、その画《え》を挟むことで話に膨らみが出たりもするわけです。

こういう意味でも、藤村さんは直接的、嬉野さんは間接的と言えるのかもしれません。藤村さんが外から来たものを直接受けとるのに対して、嬉野さんは自分というフィルターを通してから受けとる、という面があるのだと思われます。

時間的な人、空間的な人

三つ目は、論理へのこだわりです。藤村さんは何かわからないことがあると、それをそのままにはしておかず、何となくでも理屈が立てられるようにと考えていく傾向があります。

それに対して嬉野さんは、あまりそのあたりにはこだわらない。理屈がついてもつかなくてもそれはそれでいいと考える傾向があるようでした。

これは逆に言うと、嬉野さんはものごとを「何となく」で進めることができますが、藤村さんはそうではないということのようです。言い換えると、藤村さんは、ものごとを時系列的に、ストーリー的に進めたい。こういうのを、「時間的」と言っておきます。これに対して、嬉野さんは、時系列にはあまりこだわりがない。ものごとを順序に従ってではなく、あっちがあればこっちもある、というふうに進めることに別に抵抗がない。これは、「空間的」と言ってもいいでしょう。図にするとこんな感じですね【図⑮】。こういうことについて、ご本人たちのお話を聞いてみましょう。

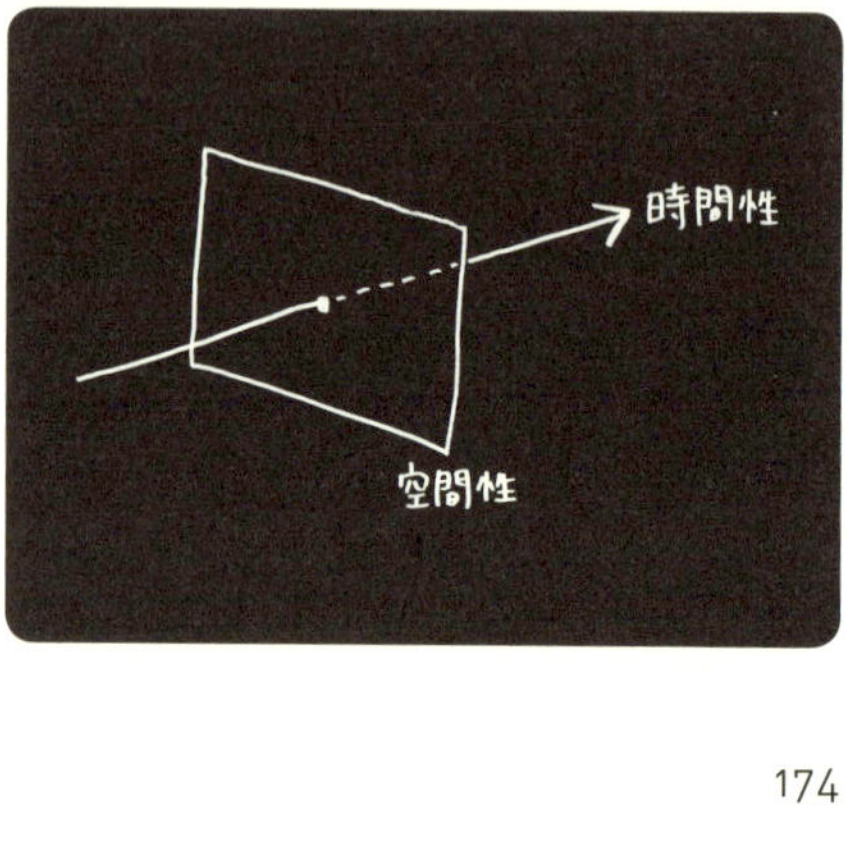

図⑮

佐々木　藤村さんのほうが「時間性」というか「ストーリー性」、時間軸に添って次、次、次っていく感じだと思うんですけど、嬉野さんは「空間性」ですね。あんまり時間性みたいに一方向じゃなくって、どっちにも広がる【図⑮】。フレームと距離っていうのとほんとに対応してる、ということだと思うんですけど。

嬉野 それは、それはあるでしょう。ねぇ、(藤村)先生。あなたやっぱり時系列でものごと考えるでしょ。

藤村 そうそうそう。

嬉野 俺、もうバランバランにしたいっていうところがある。

藤村 ……バランバランにしてどうするんですか(笑)。

嬉野 写真集の2ってやつを前に作ったんですよ。

佐々木 ふんふん。

嬉野 僕は、この、時系列をバラバラにして、ある写真の横に一〇年前の写真を並べるようなことをしたら、ま、彼の枠組みでは理解できなかったから(笑)。

藤村 僕は許せない(笑)。できあがれば「いい」っていうのはわかるんだけど、自分でやろうとはしない。で、せめて、作品ごとに時系列で並べてほしい、作品の順列は変えてもいいけれども、作品のなかでの時系列は守ってほしいというのは、要求して。

……………

佐々木　うんうん。

藤村　それはそうなんだね……。

ただし、藤村さんが何でもかんでも理詰めで考えるということではありません。特にハプニングに対応するときなどは、基本的には直感的にものごとを捉えていきます。そして、それを後から論理的に考えます。それは、ある程度論理的に説明ができるまで考えるのです。

これに対して嬉野さんは、そこにあるものに対して感覚的に対応し、しかもそれは後から理屈がつかなくても構わない。

疑問形の使い方

そして、最後ですが、お二人それぞれにインタビューしたときに、その語り方のスタイルが本当に異なっているなあと感じたので、そのことについてもお話ししておきましょう。

インタビューのなかでの語り口で特徴的だったのですが、嬉野さんは初回のインタビューの始めのほうから、ご自分の話を聞き手（つまり私）に疑問形で提示してきます。「○○なんですかね？」と私に問いかけ、それに私が応えることで話が広がっていきました。疑問形で場に話題をおくことで、相手とのやりとりを発生させ、そこのやりとりのなかで生まれてくるものを拾っていくというスタイルです。

これに対して、藤村さんはほとんどは疑問形では語らず、一つの話題に対してまとまった自分の語りがあるというスタイルでした。おそらく、私が問いかけたことは、基本的にはすでに一度考えたことがある話だったのだろうと思います。これにはこう、これにはこうと藤村さんは自分自身で理屈をつけた形で自分のなかに答えを持っているという印象でした。

そんななか、初めて疑問形で私に問いかけてきたことがありました。そこでは、ある話題に関して、まさに藤村さんと私の間である考えが生成していったという場面でした。こうなるまでに、すでに合計で五時間ほどインタビューを積み重ねていったうえでのことで、その疑問形の形がようやく生まれてきたという印象を受けました。もしかしたら、撮影しているときの藤村さんは、こんなふうに出来事と向き合っているのかもしれません。

ディレクター二人の対照性

さて、ここまでの話を総合すると、嬉野さんは「間接的、距離を気にする、空間的、肉体がない、自分の内側に関心が向く、論理にこだわらない、疑問形を多く使う」という特徴があり、藤村さんは「直接的、体当たり、時間的、自分の外側に関心が向く、論理にこだわる、疑問形をあまり使わない」が特徴ということになります。空間的な嬉野さんがカメラを回し、時間的な藤村さんが編集をするというのは、二人の組み合わせとしてとても自然なことのように思われます。そして、「水曜どうでしょう」は、これだけ対照的な二人がディレクターとして番組を作っているわけです。

このお二人、それでは、お互いがお互いのことをどう見ているのでしょうか。インタビューから拾ってみましょう。

まずは、藤村さんから見た嬉野さんです。

……………

佐々木　最初の出会いっていうのは、どんな感じだったんですか。

藤村　あの人が札幌に来て、直接一緒に仕事はやってなかったんだけど……「なんか今度来たあれ、使えねぇよ」とかってカメラマンが言ってるのを聞いたことがあった。

佐々木　ふうん。

藤村　「あ〜、あれダメだなぁ」とかって言ってて。まぁ、あのう……ビシビシ働くタイプでは、見た感じない。だけど何となく外で見てて思ったのは、「この人は考えてるなぁ」と。「自分の世界でとりあえず、なんか処理しようとしてるんだなぁ」と。

たとえばね、そのときはロケハンを嬉野さんに頼んだらしくて、「銭湯で撮りたいんで、ちょっといい感じの撮りやすい銭湯を探してきてくれ」って嬉野さんに言ったらしい。すると嬉野さん、一つしか探してこなかった。でもそのカメラマンは、それが気に入らなかったの。「ほかにないの?」「いや、これがいいと思った」って、まぁたぶん嬉野さんは言ってた。見てみたら、俺はこの風景で全然いいやと思ったんだけど。

なぜかと言うと、三つ四つ、見繕ってぽーんと出してくれれば、カメラマンは納得したんだろうけど、嬉野さんはたぶん考えたんだと。「これには、これがいいんだ」みたいなのを。というのは何となく僕はわかって――。で……あの人が、俺を主演で、撮ったりとかあるんですよ。

佐々木　ほおー(笑)。

藤村　(笑)。なんか、くだらない探検隊シリーズで。『黄金の秘物を探せ』っていうシリーズをやって。僕は探検家で、まぁ大泉が――そのとき大泉と初めて一緒に仕事したんだけど、大泉が僕の助手で、みたいな。で俺と大泉が出て、嬉野さんが監督でやってるときも、あの人がホン(脚本)を書いたんだけど、「あれ?」って、ちょっと何か人と違うような感覚を持ったんですよねぇ。だから「あれ?」って思って。でも、全然また違う何かをやったときに、あの人が作ったかどうか知らなかったんだけど、そのコーナーのVTRを見てたら異常におかしくって。「これ面白いなぁ!」と思って、「だれ作ったの?」「嬉野さんが作った」て言って。

それで、俺はね、ほかの人の見てあんなに笑ったの、なかったんですよ。あの人が作ったものしかなかったんですよ。それで、まぁ新番組を一緒にやるってことになったけど、ずっと一緒にやってなかったから、それにバリバリ仕事をする感じではないから。俺としては「俺がやりたい」んで。まぁ、手足になってね、働いてくれる人がいいかなぁって思ってた。もっと、相棒としてこうね、「ともにこうワッと行こう」みたいな感じ。だけど、嬉野さんはそういうタイプではないから。「これはちょっとあの人には、あんまり……頼れないなぁ」っていうのがあった(笑)。頼れないからっていうのがあったんで、最初に番組のコンセプト作りとか、どういうことをするっていうのは自分の頭のなかで考えて、まぁそれを鈴井さんに言って、「鈴井さんこういうことやろうと思うんだけど、協力してください」みたいな話をして。

佐々木　ふん、ふん。

藤村　でも「頼れないからなぁ」と思いつつ、自分の考えたものを、カメラのスタッフも連れていかずにやろうと思ったときに、嬉野さんに言ったら、嬉野さんは、やけに自信たっぷりに「や、僕カメラ回しますよ」って言った。俺がほんとは回そうと思ってたんだけどね。怖かった。僕が全部カメラも回し、ディレクターも自分で全部やっちゃおうと思ってた。そしたら嬉野さんが「や、僕カメラできますよ」って。えらい自信たっぷりに言うから、「先生、やってたの?」とかって言ったら「あぁ僕、好きですから」「大丈夫です。僕が回します」って、やけに自信たっぷりに言うから、いや、ちょっとそれは助かったなぁと思って。

佐々木　うん、うん。

藤村　それで、あの人にカメラを任せて。そしたらあの人、撮影前にカメラの説明書、読んでたから「あれぇ!」と思って。「大丈夫?」「いや、大丈夫です」って。やけに自信たっぷりに言うなぁって思った。で最初にサイコロの企画をやったときに、あの人「本当に緊張した」って……後でまぁ聞いたけど。そのときは一応ちゃんと撮ってたからね。でも俺は、出演者の鈴井貴之、大泉洋よりも嬉野さんのカメラワークにばかり気を取られてたな。最初にカメラを回したときは。

佐々木　あぁ〜。

藤村　音がちゃんと撮れてるのか、とか。だからすごい指示出しましたよ俺は、嬉野さんに。「じゃあこれ、まず、二人並んでツーショットからずっと寄ってってって。で一回ここで切って、もう一回こっちでやりましょう」とかってすごく言って。でも旅を続けていくうちに、そんなこともあんまり言ってられなくなるんで。それで、できあがって見たら、案外あの人の撮ったものっていうのは普通にちゃんとしてたんで、それからスッと。で、サイコロの最初の初めてのロケから帰ってきたときに編集してみたら「これは藤村君、面白いですよこれは」と——言ったりなんかしてたんで。「あぁ……こういう感覚が違う人が面白いって言うんだったら、大丈夫かぁ」みたいな感じで思ったのかもしれないですね。じゃあ「自分でパートナーを選べ」と、あんときに言われたとしたらたぶん、嬉野さんは選んでなかったですねぇ。やっぱり自分に感覚が近い人を選んでたと思いますよねぇ。

佐々木　なるほど〜。

藤村　なんだろうね、それが今や、こうですからね。

佐々木　そうですねぇ。

藤村　まぁほかの人とやったってできるんだろうけど、今もね。けど、何か新しいことを何かやるときにほかの人とだったらあそこまでは案外、深くはならないような気がしちゃって。似たような人同士だとね。

佐々木　うん、うん、うん。似たような人同士だと。

藤村　似たような人同士でやると、そういうの、自分が、思っている深さって言ったら単純な言葉なんだけど、深さってたぶん「よくわからないけど、あ、こういうのもアリだ」みたいなものだとすると、じゃあ同じタイプの人でやったら、「よくわからないけど、こういうのもアリだ」っていうものはまぁ、出にくいですよねぇ。作るときのカメラワーク一つにしても、しゃべり方一つにしても。

ただ、全く感覚は違うけどもやりたいことの根本は同じ人がいると、表現方法はまたちょっと違うわけだから。たぶん、自分のなかでは、否定はしないんだけど、そういう意味では、薄ぼんやりと納得できるぐらいの――ものっていうのも、たぶん嬉野さんと一緒にやってると出てくるんだろうなぁと。

佐々木　うん。

藤村　あの人ねぇほんと、前から、よく俺が指示してない画《え》を撮ってたんですよ、自分で。それはまぁ、車窓であったり、それから、大泉君が一人でボーっとしてる姿であったりっていうものを撮ってたんですよ。それでDVDで編集して何年後かに、昔の素材をざーっと見ると「あれ、こんな画《え》撮ってたんだ」と思って、それを、DVDで編集するときには、ちょっと、入れてみたりするんですよね。そうするとねぇ、またちょっとこう、感覚として、旅としての叙情の豊かさっていうのか。俺は、面白いものを優先的につなぐけど、嬉野さんがそういうものを何となく撮ってたのを、ぽっとこう――昔は一秒しか使わなかったのを、じゃあ三秒使ってみるとか五秒使ってみると、「こういう感じもいいなぁ……」っていう感覚があの番組のなかには出てくるから。それはわかりやすく言うとそういうことなんだけど。

たぶんそれが、僕は面白いものだと思ってつないでるなかにも、たぶん嬉野さんが撮ってる感覚っていうのも、何となくあるんだろうと思うんだよね。もし俺が撮ったら、ほんとに大泉さんの顔に寄る。寄って大っきい声で笑ったりする。嬉野さんが撮ると、そうはならずに、ちょっとやっぱり少し正対してるとか。それが何となく自分の感覚とは違うものを生み出してるっていうのはあるんですね。それが、全部、おんなじ感覚の人がやってたらやっぱり、大泉がポツンとしてる画《え》とか、何かただ単にタンタンタンタンって電車が走ってる画《え》なんていうのは、たぶん撮らないだろうから。自分で全部コントロールしたいとは思うんだけど、嬉野さんの撮るものは全く否定はしないし、捉え方として合っていればね。

このなかで藤村さんがお話しされている、「あぁ……こういう感覚が違う人が面白いって言うんだったら、大丈夫かぁ」というのはとても面白いと思うんですね。また、似た人と一緒にやると、ここまでは深くならないというのも非常に興味深いですね。

では次に、嬉野さんの話です。

嬉野　……私がいるっていうのは、やっぱおかしい気がするんですよねぇ……。なんかそんな気がするんですよ。つまり私がいるっていうなかには、私が物理的にここにいるっていうことと、その物理的な私を、そこにいることを許してるっていう……ものと、あると思うんですけども。そんなものをいろいろ含めても、私という人間はたぶん、いなくてもテレビ番組は作れるわけであって、面白いテレビ番組っていうものを、作ることにそんなに寄与してないと思うんですよ。そんなに寄与してない私がいるってのはですねぇ、やっぱり「おかしい」と考えたほうがいいですよね。

ずーっと居心地は悪いんです、テレビ界にいて。なじめないですね。いろんな方とおつきあいしてもやっぱりその、業界の方はなじめないですよね(笑)。だから私は本来ここにいるべき人間じゃないだろうなぁって、思うんですよ。でもその私がいて、「どうでしょう」っていうものを、作っていて。でもなーんか、「気がついたらいる」、みたいな。で、いるのは、そこにいるってことを許してるやつがいるからっていうことですよね？　そいつが何を求めてるんだろうなぁっていう。わかったような、わからないような。ただ間違いなく私は、こうやってテレビ番組を作ってるっていうところにいるってのはおかしい、っていうのは——確信的にありますよ(笑)。そう思います。ただ、私がいたから藤村君は、自分を出せたんじゃないかっていうことも、なんか、佐々木先生と話してる間に、勝手に思いました。

佐々木　ああー。

嬉野　つまりその、私もなんか、ぐちゃぐちゃいろんなことを考えるから、理論的にものを考える人間なのかなと思う反面、全くそうではなくて。思い付きの感覚だけでやってるに過ぎないようなところもあります。実はそっちのほうが強いのかもしれないなと思うのは……。

前回お話ししたみたいにね、「被写体との距離感」っていうのがどうしてもあって。そういう思いで撮影をしてるっていうのを、藤村君は最初から野放しにしてるっていう。あと、一番最初に「あんた編集しなさいよ」ってあの人が僕に言ったときに、あのジャンプカットっていうんですよね。パッパパッパッパ飛んじゃう方法。コメントで切ってつなげるから、同じポジションなのに、そうやってつなげるから、飛んじゃうんですよね。飛ぶっていうことは、すごく違和感がある映像なんだけども、それをその三〇分の全編にわたってやれば、そういうものとしてみんな認識できる。そういうジャンプカットで切り刻んでつなぐっていうことが、オッケーになると、「編集」ができちゃうわけですね。文章的な。

佐々木　はい。

嬉野　つまり、入れ替えもできる。違うところから持ってくることもできる。なくすこともできる、みたいな。そうなると編集してつないでる人間の感覚で、やっていける部分になるわけでしょう。

それから、文字を一枚入れるっていう方法。「新宿駅」って入れちゃうと、六本木でやってたことがポーンと飛んで、五時間後に新宿駅になれるっていう。間を省略しても、何の違和感もないという。補足する必要は全くないっていう。すると「面白いエピソード」↓「文字が入って」↓「また面白いエピソード」っていうことの、ずうっとこう順繰りで羅列でやっていける。そういうなんか——好きなようにつなげられるような様式が一個作られた。それを見て、自由自在に編集するのがありだと思えたあの人は、自在に自分を出せるようになったんじゃないかと思うんですよね。

あの人はドラマを作っても面白く作るし、いろんな映像関係、テレビ関係のことをやれちゃう人なんですよね。だけど、あの人の作家性が出てるのは俺、「水曜どうでしょう」しかないと思うんですよ。ほかにはあの人の作家性、僕は感じられないんですよ。だから、ほかのものを作っていても、あの人がこんなに注目されることはないだろうってのは、思うんですよね……。言ってみればあの人は、作家性のあるディレクターではないだろうと思うんですよ。でも「水曜どうでしょう」っていう様式のなかで、あの人は自分っていうものを、そのまんま現場でも出して、編集でも取り込んで表現できたっていうことかなぁって思うと。……まぁ、あの人が自分を出すためには僕と巡り会わないと、たぶんできなかったんだろうなってことを思いますね。

僕は最初の撮影設計にしたって編集設計にしたって、考えづくで到達したところじゃないですよ。何となくなんですよ。「こういうのでいいんじゃないのかなぁ」っていう全くの感覚で。で、それが以降、一切変わってないですからね。最初っからもうできあがっちゃってて、つまり、全然モデルチェンジないんですよ。だからなんかそういう補完のしあいですよねぇ……。

佐々木　お話をおうかがいしてて思ったのは、藤村さんって、「何となく」ってことが苦手なんじゃないですかねぇ。と思うんですけど。今お聞きした点、……「何となく」で、嬉野さんは、いける人なんですね(笑)。

嬉野　何となくでいけるんですねぇ。「こうじゃないの?」みたいな。割と簡単に飛べるんじゃないのかなぁ、って気がしますよ。自分ではそういう人間だって認識はないんですよ。どっちかっていうと理屈を付けてじゃないと飛べないみたいな。で、知らないところでそうやってやってるってことに気づいてないみたいな。……そんな気がしますね。

嬉野さんのほうも、藤村さんの力を引き出すという役割を持っているのではないかということを対話のなかで思いついていきました。ここで面白いのは、ジャンプカットの話です。

ジャンプカットがありだとすると、文章的な編集ができる。これはまさに藤村さんの時間的・ストーリー的に組み立てる力が生きてくるやり方なのですが、この「ジャンプカットもありだ」という方法を見出すこと自体にはある種の飛躍が必要で、その飛躍は論理からは導かれません。論理でつないでいくというやり方それ自体は、論理からは生まれてこない。それをやれるのは嬉野さんだったということなのでしょう。このように、この二人の組み合わせだからこそ、今の「水曜どうでしょう」が形作られていったのだということが言えるでしょう。

二人のディレクターの関係

そしてこの章の最後に、お二人の関係のことをお二人が話している場面を聞いてみましょう。

嬉野　一つのね、場を作ってるのは、この人（藤村さん）だから、俺はその場があるからそこにいるわけですよ。で、私がそこにいるっていうのは、その場を好んでいるからっていうことがまずあるからそこにいるんですけど。

佐々木　うん。

藤村　うん。

嬉野　場を作ってるあなたがね、そこにちょこんといるっていう俺をさ、許容してるっていうね、理由っていうのがきっとあるんだろうな、と思うんですけどね。

藤村　うん、うん。

嬉野　結局俺はどう撮ってるかっていうことにさ、あんたは現場で全く干渉しないわけじゃない。

藤村　そうだね、うーん。

嬉野　そのなんかこう、投げっぷりっていうか（笑）。

藤村　いや、でもそれは、見てはいるわけじゃないですか、あなたのことを。いや俺、ほとんど目線がやっぱりね、あっちなんですよ、あっちの（出演者の）二人なんですよ。何か、それが自分の役割だと思っちゃってるところがあって。

嬉野 うん、そうだよね。

藤村 そうすると、あなたのほうは、もちろんそれを、いい感じで撮ってんでしょっていう(笑)。

嬉野 だから俺がどれだけ被写体と距離を詰めたり離したりしても、あんたずーっと俺の横にいるもんね。

藤村 ああ、まあそうだね。

嬉野 うーん。

藤村 そういう意味では、対応力があるっていうのかなんていうのか(笑)。

嬉野 うーん。

藤村 気持ちはこっち(出演者)に向いてるんですよ。

嬉野 向いてる、うんうんうんうんうん。

藤村 気持ちは向いてんですこっちに完全に。

嬉野 うんうんうんうん、もちろん。

藤村 だ、だからといって、あなたがカメラ離れたら、俺はここにはいないですよ。

嬉野　うーん。
藤村　俺も一緒に離れますよ、たぶん、そらあもう。
嬉野　そらあもう、間違いなく離れるだろうねえ。
藤村　うん。

この二人の関係を何と呼んだらいいのか、私にはわかりません。「信頼感」といってもいいですが、そんなに単純な話ではありませんね。確かに言えることは、この二人の関係があってこそ、「水曜どうでしょう」という番組があのような形で撮られ、そして私たちに届いているということだと思います。この「感じ」は、もちろんはっきり目に見える形ではわれわれ視聴者には届きませんが、しかし確かにそれは何かの形で伝わっている。そういうふうに私には感じられます。

さて、今回の話はこのあたりまでにしておきます。回を追うごとに話が長くなってきましたね。私自身、ここでお話しすることでどんどんいろいろなことを思いついてきているというところがありまして、ついつい長くなってしまいます。

では、次回は、ここまで話してきたことのまとめに入ろうと思います。今日もおつきあいいただいて、ありがとうございました。

第5講

結局、どうして面白いのか

みなさん、こんにちは。延々と続いてきたこのお話も、もう残りが少なくなってきてしまいました。そろそろまとめというか、いろいろ考えてきたけれども、そこから何がわかるか、ということに入っていければと思います。「はじめに」で、ここで扱っていきたいことを二つ挙げました。一つは『「水曜どうでしょう」はなぜ面白いのか』ということ、もう一つは『「水曜どうでしょう」の面白さはなぜ説明しにくいのか』ということでした。これらについて、考えていきましょう。

「水曜どうでしょう」はなぜ面白いのか

まず始めに、「水曜どうでしょう」がなぜ面白いのかということからいきましょう。この番組は、ただ面白いといっても、何かしらほかのテレビ番組とは質の違う面白さがありますし、好きになる人はとことん入れ込んで、何か「身内」のような感覚を持ってしまうということは第1講で採り上げた通りです。そして、なぜか見ているうちにホッとさせられる。これが何なのか。

ここでその「なぜ」を、ずっと使ってきた「物語の二重構造」を使って説明していきましょう。「物語」と「メタ物語」【図①】（三一ページ）を、視聴者から見た関係で示すと、こんな感じになります【図②・図③】（三三～三四ページ）。つまり、視聴者－メタ物語－物語の三つが、見る－見られるという関係で一直線上に並ぶんですね。「メタ物語」は「物語」を見ていますし、視聴者はもちろん、「メタ物語」と「物語」の両方を見ています。

ここで重要なのが、視聴者から見ると、物語が二つ走っているようには見えない、というか、そういうことが意識されてはいないということです。このことから何が起こるでしょうか。

二層ある絵、たとえば、厚めのガラスに描かれた絵を二枚重ねて見たとしましょう。そして、見ている人はそれが二重だということは知らないとしましょう。その絵を普通の一枚の絵だと思って見ると、妙に立体感のある、生々しい絵に見えるでしょう。「水曜どうでしょう」も、二重に走っている物語をそうとは捉えずに見ることで、そのなかに妙な生々しさを感じ、しかもそれがどうしてかがわからない、ということが生じるのではないでしょうか。

二つの物語が意識されないで起こることのもう一つ、こちらのほうがより重要なのですが、視聴者と番組の距離感のことをお話ししていきましょう。距離感という言葉は、嬉野さんが撮影をするときに使っていましたが、今回は見る人と番組の距離感のことです。

【図③】（三四ページ）をもう一度見てください。われわれ視聴者は、「水曜どうでしょう」の二つの物語を見ていますが、これを層で考えると、視聴者＋二つの物語で三つの層があることになります。視聴者－メタ物語－物語という三層ですね。この中には、見る－見られる関係というのは、〈視聴者→（メタ物語＋物語）〉という関係と、〈メタ物語→物語〉という二つがあることになります。視聴者が二つの物語として成立してる「水曜どうでしょう」という番組を見る、というのと、「メタ物語」で撮影している人たちが「物語」を見る、という二つですね。

ところが、視聴者のほうは物語の二重性を意識していません。

二重の物語があるというよりは、物語が一つで、ぐだぐだと物語を進行しているためにそこからはみ出てしまうものがある、そこが面白い、というふうに受け取りがちになります。

そうすると何が起こるでしょうか。これは、実際は三つある層が二つしか意識せず、見る－見られる関係が一つだけしかないというふうに意識するとどうなるのか、ということでもあります。三層あるものを二層しかないと思うということは、それぞれの層を「見る」立場と「見られる」立場のどちらかに振り分けなければならない、ということになりますね。そうすると、「物語」はいずれにしても見られる立場ですから問題ないとして、視聴者と「メタ物語」は「見る」ほうの立場として、同じ層に入ってしまうことなるのではないでしょうか。もっと具体的にいうと、「メタ物語」が視聴者の側に飛び出してきている、または視聴者が「メタ物語」の世界に飛び込んでいっている、ということになるわけです【図⑯】。

いずれにしても、「メタ物語」の

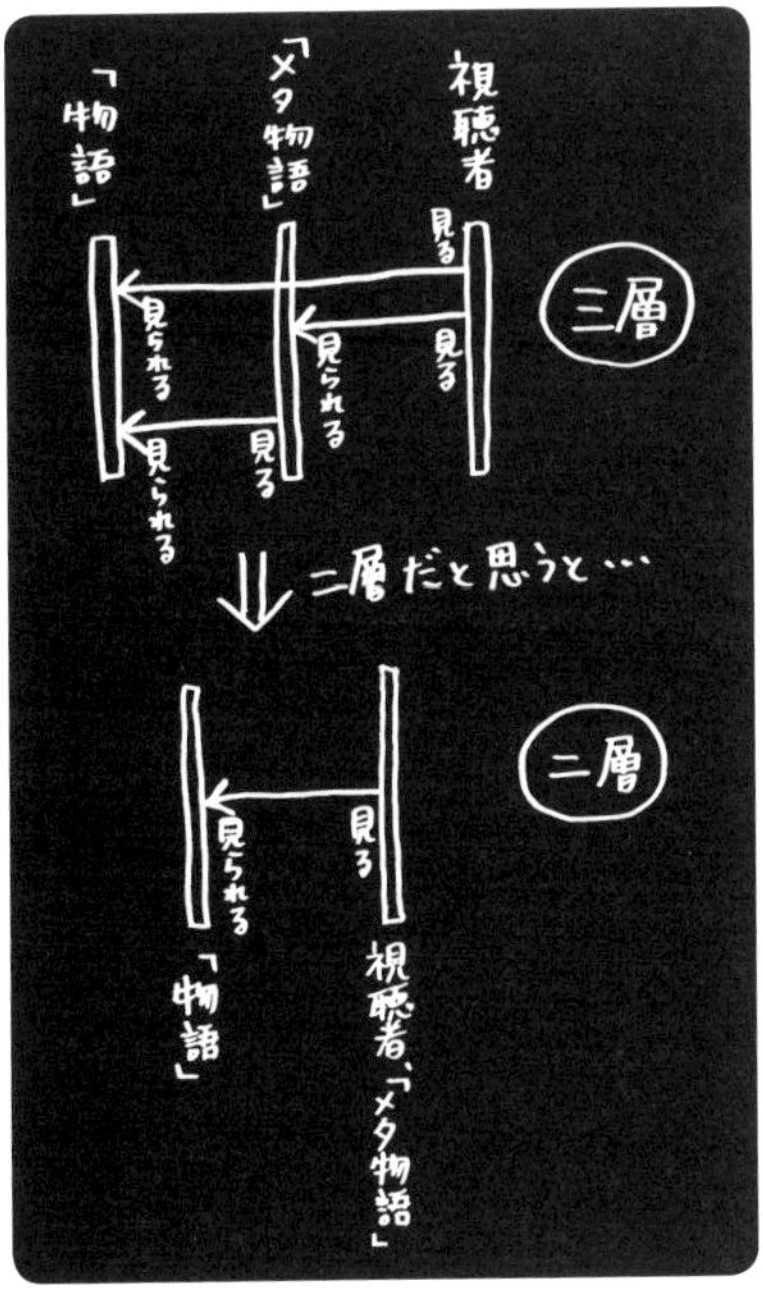

図⑯

登場人物、つまり「物語」を撮りに行っている男たちと、視聴者とが同じポジションにいるように感じられるということなのです。

前者で言えば、「メタ物語」の登場人物、藤村さんや嬉野さん、そしてカメラには映っていないときの大泉さんや鈴井さんがテレビ画面のこちら側に飛び出してきているように感じられる。後者の感覚になると、われわれ視聴者自身が、「メタ物語」つまり撮影している人たちのなかに入っていって、一緒に撮影しているように思える。そういう感じを意識せずに持っているのではないか、ということが仮定できます。二重の物語を意識しないことによって、視聴者は撮影者と同じ立ち位置に立っているように感じています。この「距離の錯覚」が、「水曜どうでしょう」という番組を見るときに視聴者が感じる「身内感」を生み出しているのではないでしょうか。

それから、「物語」のなかの大泉さん、鈴井さんは、通常はカメラに向かってではなく、視線をカメラから外して、カメラの横にいるであろう藤村さんに向かって話しかけます。また、カメラ目線で視聴者に語りかけるときは、ことさらに「視聴者のみなさ〜ん」と空々しく、わざとらしく語りかけます。それ以上の通常の会話は、カメラに映っていない藤村さんと、カメラに映っているけどこちらを見ない大泉さん、鈴井さんとの間で交わされます。つまり視聴者からすると、直接語りかけられないけれどもその会話を聞くことができるという状況が生じます。

このことが何を生み出すかということを、たとえば、転校生を例にとって説明してみます。転校生にまわりの人たちがことさらに話しかけるのは、まだその子が「お客さん」だからですよね。だんだん慣れてくるにしたがって、だんだん気を使わなくなっていき、やがて、わざわざ話しかけたりはしない、いるのが自然、というふうになっていく。だんだん特別扱いされなくなっていく。つまり、話は聞いているけれども、わざわざ話しかけられないという状況は、「そこで聞いていていい」「そこにいていい」と言われているように感じさせるのではないでしょうか。これと同じことが、「どうでしょう」を見ている視聴者にも言えそうです。

このように、自分が「メタ物語」の位置にいること、そしてそこにいていいと言われているように感じることが、「水曜どうでしょう」の特殊な面白さ、身内のような感じ、なぜかホッとするという性質につながっているのではないでしょうか。つまり、この番組では、ただ「こちらがあちらを見る」、というのではなくて、番組への参加感が生じるように構造化されている。そして、そこに参加が許されていると感じることで、ホッとするということが生じるのではないでしょうか。

「水曜どうでしょう」の面白さはなぜ説明しにくいのか

では次に、なぜ「水曜どうでしょう」の面白さを人に説明することは難しいのかということについて考えていきましょう。もしもさきほど言った理解しにくい構造のうえに「水曜どうでしょう」の面白さが生まれているとしたら、われわれは「本当に面白いことは何か」ということを理解しないままに面白がっていると言えます。もっと正確に言うと、この番組では、人が頭で考えて理解しているよりもずっと複雑なことが行なわれているというふうに表現できるでしょう。そして、われわれは頭で理解していなくともそれを受けとって感じているんですね。わからないものでも感じとるということが、私たちはできるんです。

大平貴之さんという方が作った、MEGASTAR-II cosmosというプラネタリウムの投影装置があります。この装置では、一二・五等星という暗い星まで全部投影することができるのだそうです。その数は約五〇〇〇万個。人間が肉眼で見ることができるのはだいたい六等星くらいまでですから、それよりも暗い星は投影していても目には見えません。そして目に見える六等星以上の星の数は八五〇〇個程度ですから、残り四九〇〇万個以上、つまり投影している星の数のほとんどは目に見えない星なのです。このプラネタリウム、肉眼で見ると星と星の間の何もないように見える空間には、見えないけれども何か深い奥行きというか質感が感じられます。見えてないのにですよ。そして、このプラネタリウムが日本科学未来館で上演されたときに付けられたタイトルが「暗やみの色」というものでした。

「水曜どうでしょう」にも、この「暗やみの色」のような何かがたくさん詰まっているのではないでしょうか。私たちは、理解はしていなくても感じることはできる。さらに、理解していないからこそ、頭で納得していないからこそ感じることができるということがあるのです。

頭で理解することで、私たちは「ああそういうことね」と、「わかった」というカテゴリーにものごとを押し込め、文字通り「わかったつもり」になってしまいがちです。そして、「わかったつもり」のことは簡単に忘れてしまいます。わかったことはわざわざ考えないので、省りみられることがありません。

しかし、何だかわからないが面白いということになると、それを理解して忘れ去ってしまうことができない。いわば、わからないものは消費することができないのです。そして、「水曜どうでしょう」は、「わかりにくい」ということがわかりにくく作られています。そうすることで、とてもわかりやすいことをやっているように見えるのです。

わからない、ということは、コミュニケーションを継続していくことにとっては非常に重要です。内田樹は「あなたの言うことはもう分かった」ということはコミュニケーションを打ち切る宣言であるということ(「わかったわかった、おまえの言うことはもうわかった」という言葉は「だからもう黙れ」ということを指していますね)、そして、「あなたのことがもっと知りたい(=私はまだあなたのことをわかっていない)」という言葉がコミュニケーションの継続を求める言葉であることを指摘しています(内田樹『ひとりでは生きられないのも芸のうち』二〇〇八年、文藝春秋、二六九ページ)。

このように、何かとかかわりを持ち続けるためには、そのことに対して「わからない」ということが一つの原動力になるのです。しかし、われわれは一方で「わからない」という状態がとても苦手です。わからないものをそれと知りつつ抱え続けることは苦痛を伴います。しかし、「水曜どうでしょう」では、「わかりにくい」ということそれ自体がわかりにくく、一見わかりやすく感じられるので、この「わかりにくいもの」と負荷なくつきあうことができるのではないでしょうか。

このように、「水曜どうでしょう」の面白さは人に説明しようと思うとなかなかできず、突き詰めて考えるととてもわかりにくいのですが、実は「面白さがわかりにくい」のではなく、「わかりにくいから面白い」ということが言えるのです。もしかするとわれわれは「何だか複雑で説明できないけど受け取りやすいもの」に触れるとほっとするのかもしれませんし、そういうものを求めているのかもしれませんね。

心理療法の分野で用いられる心理アセスメント（プロ仕様の心理テストのようなものだと思ってください）の一つのやり方に、投映法というものがあります。

この方法では、心理アセスメントを受ける人の前に、何かの形で「曖昧なもの」を提示します。受ける人はそれを使って何かを返すわけですが、何しろ与えられたのが曖昧なものですから、はっきりした答えを言おうとするならば何かを自分のなかから持ち出さないわけにはいきません。そうやって返された答えは、与えられた曖昧なものに、答えた人自身の一部を幾分か足し合わせたものになります。つまり、曖昧なものを受けとるときには、そこに自分自身を持ち出さざるを得なくなるわけです。

「水曜どうでしょう」の「わかりにくさ」は、この投映法の「曖昧さ」と同じ役割を果たしているかもしれません。あるいは、鈴井さんが画面の向こう側に突き抜けたり、大泉さんがカメラのこちら側に来たりして作られる「だれも映っていない空間」も同じ働きがあると言えるかもしれませんね。理解し尽くせないもの、隙間が空いたものを見ると、見ている人は自然と自分自身をそこに持ち込んでいきます。ですから私たちは、「水曜どうでしょう」を見るときは、ただ見るのではなく、そこに「入っていく」のです。

今の世の中では「わかりやすい」ことが求められる場面がとても多くなってきてい

ます。簡単に説明すること、わかりやすく説明することが当たり前のように求められます。しかし、この「わかりやすいこと」はコミュニケーションを終わらせ、話を閉じる機能を持ちます。そうすると、また次の「わかりやすいこと」を求めざるをえない。わかりやすいものを求めるとき、われわれはそうやって次々と始めては終わり、始めては終わり、ということを延々と続けることになります。わかりやすいことは確かに大事なんでしょうが、私にはこれはもうキリがないんじゃないか、と思えるのです。

そういう世の中にあって、「水曜どうでしょう」は、「わかりにくいけれども受けとりやすい」ものとして世の中に存在し続けています。六年間の番組の本放送が終わって今お話ししている二〇一二年時点でもう一〇年になりますが、DVDは第一八弾まで発売され、完結するまでにはまだまだ長い時間がかかりそうです。そして、二〇一一年に新作が放送されたことからも、この番組はまだまだ現役であるということがわかります。こうやって続いていっているのも、「わからない」つまり「あなたのことをもっと知りたい」と思わせてくれるものがあるからなのではないかと、私は考えています。

この「わからない」からこそ「伝わる」というあり方は、何も「水曜どうでしょう」特有のことではありません。頭でわかるのではなく、いわば体を通してわかる。そういうことは世の中にたくさんあります。

音楽もそうでしょうし、合気道などの武道も、能のような古典芸能も、将棋でもそうです。たぶん、正解、必勝の手、といったものがもしあったら、これらはおそらく続いていかない。正解がないからみんな必死に考える。そういうものが世の中にはたくさんあるのだと思います。

でも、テレビのバラエティ番組でそういうことが起きているとはあまり思われないわけですね。このことそのものが、「水曜どうでしょう」の面白さの一つの原動力となっているのかもしれません。

どうして面白いのか、のまとめ

今回の話をまとめておきましょう。

「水曜どうでしょう」という番組は、番組を作り、出演している彼らがそっと隙間を空けておいてくれることによって、見ているわれわれも一緒に旅をすることができます。見ている人の多くがそう思っているわけですから、テレビに映っているのは男四人の旅ですが、実はあの旅に一〇万人なり二〇万人なりがついていっているわけですね。いわばわれわれは、いるけど見えない、見えないけどいるという霊の立場（「霊の立場」というのも変な話なのですが）で旅に参加しているのです。

つまり、私たちは「水曜どうでしょう」を見ているのではなく「水曜どうでしょう」を「体験している」んです。ですから、「水曜どうでしょう」のファン同士がその話をしているときは、旅の思い出話をしているんですね。それは架空の、しかし共有された思い出話です。

そうなると、番組を見たことのない人に面白さを伝えるのが難しいということもよくわかりますね。一緒に旅をしていない人とは思い出話ができないんです。そして、思い出話なんですから共有できる相手とは何回でも語れますし、楽しい旅の思い出話は人をホッとさせるわけです。

よく街中で、車に「水曜どうでしょう」のステッカーを貼っている車を見かけますよね。あれは単にグッズを貼っているのではなくて、「旅の参加証」を貼っているんですね。俺も行ったぞ、と。そして、「どうでしょう」を好きな人は、あのステッカーを見て嬉しくなるわけです。そして、感じます。「あそこにも旅の仲間がいる」と。

こんなふうに考えたら、「水曜どうでしょう」が何をやっているのか、少しは理解できる気がしてくるのではないでしょうか。

さて、ここで一つ、問題が生じます。もし「水曜どうでしょう」の面白さの源泉が「わからなさ」であるのなら、もし今回の話でいろいろなことがわかってしまったら今後「水曜どうでしょう」を見ても面白くなくなってしまうということになるのでしょうか?

いいえ、そんなことはありません。

ここで示したのは一つの理解の仕方に過ぎませんし、これが正しい考え方だというわけでもありません。ただ、こういう考え方をしてみるといろいろなことが見えてくるという、いわば話を理解するための一つのツールなのです。ですから、これで「水曜どうでしょう」のことがわかった、ということはないわけです。

また、仮にここで「水曜どうでしょう」のことがわかってしまったとしても、ご心配には及びません。次に彼らが作る新作は、必ずそこからは予想もしなかったようなものを作ってくるに違いありませんから。彼らは、繰り返しであるにもかかわらず、予想を超えてくるというものを作り続けてくれるでしょう。
また次の新作が出るまで、われわれとしてはこれまでの旅の思い出話に興じつつ、のんびりと待つことにいたしましょう。

さて、今回の話はここまでです。皆さんお疲れさまでした。これで話すべき内容のだいたいのことは終わってしまいました。が、後少しだけ続きます。次回が最終回となります。ではまた次回、お会いしましょう。

第6講

「水曜どうでしょう」とカウンセリング

みなさんこんにちは。何回かに分けてみなさんにお話をしてきましたが、いよいよ今回は最終回です。今回の内容はある意味蛇足というところがあって、「水曜どうでしょう」という番組と、私の専門としている臨床心理学とかカウンセリングとか、そういったところとどういう関係があるのか、ということをテーマに話をしていきます。

これは一番始めにも言いましたが、どうして臨床心理学を研究している私が「水曜どうでしょう」についての本を出すのか、ということとかかわってきます。とりあえず、一番始めにあったのは、この番組と私のやっていることには何かしらのかかわりがある、そして、これらを結びつけて考えると、「水曜どうでしょう」の理解にも臨床心理学の理解にも役に立つことが得られるのではないか、という勘が働いたということでした。

これについては、一つはこれまでそれぞれの講義のなかでお話ししてきたように、枠の話であるとか、偶然の話であるとか、そういう個別のことが似ている、という面があります。それに加えて、さまざまな面を分析してきた結果、やはり大きな枠組みとしてカウンセリングと「水曜どうでしょう」には似ているところがあるということがわかってきました。そのことを説明するために、それを話題に嬉野さんと藤村さんと私とで話をしていたところをお聞きいただければと思います。これは、インタビューを分析した後、その内容をお二人に伝えに行ったときの「振り返り」の会話です。相当長い引用になりますが、何でこんなに長く引用するかについても後で説明します。

佐々木　僕らが、カウンセリングのなかでやってることと、「どうでしょう」がすごく似てるんですよね。つまり、えー、結局、カウンセリングの何とか理論とかですね、何とか法とか、言ってみたところで、来た人がどんな人かによって実際の会い方は変わるわけですよね。

藤村　うん、うん、うん。

佐々木　それで、その、来た人とどう会っていくかとか、あと、その人は一人だけで来るわけじゃなくて状況を背負ってくるんで、似たような状況の人でも背負ってくるものは全部違うんですよ。

藤村・嬉野　うんうんうん。

佐々木　そういうときに、「私はこの方法でやりますから」って、言ったところで始まらない話で。理論よりも、目の前にいる人、一人一人を大事にするというのは、それは確かに大変なことなんですけど、それをちゃんとできないと、カウンセリングにならない。

藤村 うん、うん。

佐々木 で、与えられた状態から考える、それがさっき言った「技術じゃないんだよ」っていうことですね。

藤村 それは確かにね、今言ってることは、われわれがやっているのとおんなじことなんですね。どっかの場所に行ってとか、ま、ちょっと変わってるガイドさんに会ったときにどう対応するか、っていうのはこれマニュアルも何もないし、それぞれの役割を崩すこともしかしたらあるかもしれないし、でも、それでしかないですもんね。だから「これに対して今回はA作戦で行きましょう」ってのは、絶対にありえないという(笑)。

佐々木 ありえない(笑)。

藤村 「よし!」って言って、決まった作戦で四人が動くっていうことはありえないですね。全く一緒ですね、それはね。

佐々木 そうですねえー。

藤村 だからそこで、じゃあこういうときはA作戦でいけばいいんですね、って言われると、それをもう真っ向から否定するっていうか、それはありえない。

佐々木　はい、はい。

藤村　じゃあ結局何をするんですか、って言われると、「よく見ろ」としか言えないっていう。

佐々木　もうほんとそうなんですよ。同じ言葉を違う人が言ったら全部意味が違うんだから、っていうことですね。

藤村　おー。

佐々木　この状況でこの人がそう言ったっていうことは、どういう意味があるかっていうことで。

藤村　そうそうそう。同じ、「いやだ」という言葉でも、バスに乗っていやだと言っているのか、温泉つかりながらいやだと言ってるのかってそれは大きな違いがあるし、昨日と今日の「いやだ」もたぶん全然違うからね。

佐々木　そうですね、そうなんです。ただ、そこらへんの機微っていうのは、僕らの世界のなかでも、なかなかわかりにくいし、伝えられないし、教えるほうでもわかってない人はたくさんいるわけですよ。だから、このことを言うことで、少しでもそういうことを伝えられないかなっていうところはあるわけですよね。だから、場合によっては、僕なんかは、なんか「わかんないことを言う人」みたいに受けとられてることは多分にあると思うんですよ。

藤村　あー。

佐々木　やっぱり、「こういう人が来たらこうでしょう」っていうのがあるんですね。抜き難く。

藤村　そう。

佐々木　あるんですよ。こういう、「何とか症の人が来たら、こうでしょう」っていうことがあるんだけど。確かに基本こんなことしたらいけないでしょうっていうのはあるけど、今目の前にいるこの人に対しては、あえてそれをしない必要があるっていうこともあるわけです。そこんとこですね、これは、なんかこう、そのこと自体を言葉で言ってもそんなには伝わらない。

藤村　テレビもおんなじじゃないですか、ね。僕らがやろうとしていることってなかなか理解されない。

佐々木　はい。

藤村　だけど、見てるほうからすると、僕らのほうが面白いって言われるわけですよ。結果としてはそうなんだけど、やり方としてはやっぱりね、違うやり方、それは、何でそういうことやるんですかっていうことはおんなじですからね。

佐々木　うん、うん。

藤村　たぶん、おんなじ考え方ですね、そこらへんはね。そうかそうか。

嬉野　……面白がり方っていうんですかね、面白いって感じるっていう、「面白いものを作る」っていうことも言われるじゃないですか。

藤村　うん。

嬉野　「面白いもの」っていう言葉をポンとここに出した瞬間に、そこで間違った方向にいってるような気がするんだけどね。

佐々木　ふーん。

嬉野　「面白いものを作る」って口に出していうと、違うところを目指してこう進んでいくような気がするんですよ。

藤村　ふんふん。

嬉野　われわれは何を面白く感じるかっていうのは、目指すものではなくて、ま、このまわりからなんかこう、出てくるものに対して……。

藤村　ぼやあっとね（笑）醸し出してくるものに。

嬉野　醸し出すものに対してみんなが寄ってくるみたいな。酒精に負けてこう寄ってくるみたいなところがあると考えるとだよ、ここに法則なんかないわけでしょ。

藤村　はいはいはい。

佐々木　うん。

嬉野　でも、「面白いもの」っていう言葉を出した瞬間に、それは、確立してあるものだって、それはだれでも山に登るように、到達するはずのものだって思うわけでしょ？

藤村　あー。

佐々木　はいはい。

嬉野　そこでまず、みんな道に迷うよ。

藤村　はいはい。

嬉野　そして、まあ、こんなもんだろう、って、ちょっと高いからこれは山でしょうみたいなところで、お茶を濁して終わるっていう。面白いものっていう言葉をみんなが言った瞬間に、たぶん、みんな道に迷って面白いところに行けない。こう、もやもやっていう、まわりから出てくるっていうものにみんな反応してやっぱ寄ってくるんじゃないかな。

藤村　そう、そうなんだよ、確かにね、面白いものっていったら、「面白いものってどういうものだろう」って、考えてそこに行こうとするよね。

佐々木　そうですね。

嬉野　で、ここに何か面白いものがない人だって、そこにいけるような気がすんだよ。

藤村　(笑)。

嬉野　それはもう大間違いで、じゃ、これはがんばれば万人が到達できるんじゃないかっていうことになっちゃうから、そうじゃない、っていうね。

佐々木　むしろ、そういうふうに「到達しよう」みたいにやってしまうと、このもやもやしたものが減ってくんですよね。

嬉野　そうなんです！

藤村　あー、そのもやもやが。

嬉野　それが意味がないものに見えちゃうんです。

佐々木　もやもやが減ってっちゃう。

藤村　うーん。

嬉野　だから何してるかわかんない。「何もやもやしてるんですか」ってことになっちゃう(笑)。

藤村　いやあ、俺も結局面白いものを作りたいわけじゃないですか。

佐々木・嬉野　うん。

藤村　この二重構造の話で言えば、俺、どっかで「逃げ道作りたい」っていうのがあるんですよ。だから、逆に言葉使ってるけど、一つの方向に行って、そっちに行けないときは別の方向に行けばいいいやっていう。いろんなほうを常に、求めてるんだというのは非常によくわかるなあ。だからその、今の嬉野さんの「面白いもの」っていうのは、確かに、そこ目指すんですよ。そこを目指すんですけど、目指していくっていう姿も含めて、こっちのもやもやで作りたいっていう、単に「目指す」ではないんだっていうところはあるんですね。

嬉野　だから、生中継は決して面白くないんだよね。

藤村　うん(笑)。

嬉野　生中継を必死になって作っているっていうね、楽屋のほうをさ、こうやって一緒に見るとさ、すごいところで一喜一憂してさ、右往左往して大騒ぎでさ、それはやっぱりおかしいよね。

藤村 おかしいよね（笑）。

佐々木 うん。

嬉野 でもそれは、生中継を撮るんだっていう、状況がないと、起こりえないから。

藤村 そうだね。

佐々木 なるほど。

嬉野 「生中継！」ってところでじたばたして、もやもやがたくさん出るわけでしょ。そこがもう、えもいわれぬわけですよ（笑）。

藤村 そうなんだよね（笑）！

嬉野 そうなの。

藤村 みんな生中継の画《え》のなかだけを見せようとしてんだけど、俺らは、「生中継ッ！」ってがんばってる姿を、もやもやが面白いっていうとこだもんね。

嬉野 そうなんです、そういうことだもんね。

藤村 そうなんです。みんなは、その生中継のほうを何とかしようとそれしか考えないもんね。

嬉野　そんなものは面白くなるわけない。

藤村　そんなもん面白くなるわけないって。

嬉野　ただ、これにかかわっている人間の何か、どうしようもなさっていうのはやっぱりおかしい。

佐々木　うーん。

嬉野　だからそれは、どっちに転んでも、おかしい。

佐々木　そうですね。それから、ここで生中継だけで見せようとすると、「生中継だけで見せようとしている姿」が感じられちゃうんですね。

嬉野　そうなんです。

藤村　ああー、そうだね。

佐々木　それが伝わっちゃうんですね。

藤村　なるほどなるほど、それはあるね。

佐々木　それはそれで伝わっちゃう。

藤村　なるほどなるほどなるほど、がんばって、あー失敗したな、とか、なんかそういうのは、何となく見えるわけだよね。なるほど。

佐々木　「がんばってたけど失敗しちゃった」とかっていう。

藤村　われわれもだから「がんばったけど失敗しちゃった」ってのを含めて見せようとしてるから、こっち側で本当に、コントロールしようと、番組全体を俯瞰で見て笑っている、われわれの姿っていうのはなかなか理解されないというのはあるね。

嬉野　結局みんな、人生は、こういう構造のなかで生きてると思うよ。

藤村　そうだ。

佐々木　そうですね。

嬉野　人前では「こういうふうに見せなきゃ」って思いながら、こう一喜一憂してるわけだからさ、それが人間性だからね。自分がやっぱり経験して、わかってるっていう構造を見るっていうのは、共感するところかも知れないね。

藤村　だから、でもみんなやっぱり、わかりやすいところに頼ってしまうじゃないですか、生きていくなかでも。

嬉野　そうそう。

藤村　んで、こうやってまとめてみると、失敗したことも、悪かったことも含めて「あーいいじゃねえか」って思うんだけど、やっぱりみんな単純な方向を求めちゃう。だから、われわれはこう見るから、生き方というか、考え方をもう、あの人たちは楽そうだなって思われてしまうところはそこなんだろうね。

嬉野 そうだね。

佐々木 うんうん。

藤村 一緒なんだよ、人生に関しても同じだからね。

嬉野 だからこの番組も「カウンセリング効果」みたいなのがあるのかね。

一同 (笑)

藤村 そうだね。

嬉野 ねえ。

藤村 思考方法がやっぱりここだけ、面白いものだけ、っていう、面白いものを作らなければって思ってはいるけど、そこに至るまでの、こう、すべてのことを面白いと思ってるから。

嬉野 そうだよね。

佐々木 ほんとそれも、単純な話で似てるなと思うのは、たとえばですけどね、カウンセリングに来た方が、「アドバイスがほしいんです」って言ったとしますよね。で、そこで、

「こうしたらいいんじゃないですか」ってだけ言ってもだめなことが多くて、まずは「もう『アドバイスがほしい』と思うくらいしんどいんだな」っていうふうに受けとったりするんですよ。

藤村　うんうんうん。

嬉野　わかりますわかります。

佐々木　そこなんですよね、そこはほんとにわかりにくいんですよ、そういう話がなかなか伝わらないんですね。

藤村　なるほどね。

佐々木　「どうでしょう」の話をすることで、これが、ちょっとは伝わるかもしれないですけど。

藤村　うん、うん、うん。

佐々木　あるいはこう、たとえばものすごい難しいこと聞かれたりとかですね。たとえば「心ってなんですか」とかって聞かれたとすると、「いやあ、心っていうのはこういうものだとも言われてるし、こういう説もあるし」って答えても仕方がなくて、「いやあわからないなあ、難しいね」っていう姿をちゃんと見せられるか、っていうことですね、そこなんですよね。

藤村　そうだよね。何かアドバイスをくださいっていうときに、どれだけいいアドバイスをしようかと考えるのが、「面白いものを目指す」というところなんだよね。

佐々木　そうそう。

藤村　あ、この人はアドバイスがほしいくらいに大変なんだと思って、違うほうに考えれば、そういう見方ができるんで、アドバイスのことなんか別にどうでもよくなるわけだよね。

佐々木　ええ、そうですね。

藤村　もしかしたら、肩をたたいてやることが、そいつにとっていいことかもしれない。アドバイスのことだけ考えると、こんなときに、こういう言葉使っちゃいけないなとか、ごちゃごちゃ（笑）考えちゃうからね。

佐々木　そうですよね、そのまんまそうだと思います。そこでこう答えられるかっていうのが、これもどう答えるかっていうのは正解がないですからね。

藤村　そう、ないですよ。ただアドバイスという一点だけに集中してたらたぶん、うまくいかないだろうな、なんか。

佐々木　そういうアドバイスはだれでも言えますからね。

藤村　そうそう、そうね。あー、いいじゃないですか。

佐々木　うん。

ここで話されていることがとても重要なことだと思うんです。その重要なことをまとめて、これこれこういうことですよ、と示してしまうと、それはちょっと違うことになる。この会話が出している、「えもいわれないもの」「もやもやしたもの」のなかにそれはあるわけです。

ですから、解説のような形でこの会話をまとめてみても仕方のない話です。でも、これをそのまま放り出してもやはり不親切ですから、このなかのポイントだけは示しておこうと思います。

「可能性の雲」を求めて

一番大事だな、と思うのは、「面白いもの」を目指そうとすると、その面白さ自体が減ってしまうということですね。どうしてそういうことが起きるのでしょうか。それはおそらく、「面白いもの」を目指すということで始めてしまうと（これはカウンセリングで言うと「こういうふうに治そう」で始めてしまうと、ということと同じですね）、「始めた時点で考えていた面白いこと」に囚われてしまうからなんだろうと思うんです。

あるところから動き始めていろいろなことが起こるにつれて、もっと別の面白さが出てきたり、始めに思っていたことが意外に面白くなかったりということが出てきます。そういうときに初めに思ったことに囚われてしまうと、みすみすもっと面白くなるかもしれないことを見逃したり、思ったほど面白くなかったことをいつまでも捨てられなかったり、というもったいないことが起きてきます。ここでもう一度、嬉野さんの言葉を引いてみましょう。

嬉野　「面白いもの」っていう言葉を出した瞬間に、それは、確立してあるものだって、それはだれでも山に登るように、到達するものだって思うわけでしょ？

藤村　あー。

佐々木　はいはいはい。

嬉野　そこでまず、みんな道に迷うよ。

「面白いもの」が確立したものだとするならば、始めの時点で思ったことはいつまでも同じものとしてそこにあるわけですが、しかし、そういうものではない、ということですね。それはいつも変化しうる。時間がたったら自然に変化することもあるでしょうし、われわれの側がその状況にかかわることで変化していくということもあるでしょう。ある確固とした面白さや確固とした治癒を求めていくと、損なわれていくものがある。そういう意味で、嬉野さんの言う「もやもやしたもの」「えもいわれぬもの」というのは、ある種の「可能性の雲」のようなものです。

藤村　だからその、今の嬉野さんの「面白いもの」っていうのは、確かに、そこ目指すんですよ。ここを目指すんですけど、目指していくっていう姿も含めて、こっちのもやもやで作りたいっていう、単に「目指す」ではないんだっていうところはあるんですね。

カウンセリングでも、わかりやすい「治る」ということを求めていくと、そこにはたどりつけないということがあるわけです。むしろ、「可能性の雲」のようなもやもやしたものを扱いながら、一つ一つそれぞれの状況にあわせてその都度一番良さそうな方向を選んでいくという営みの果てに、「結果的に良かった」というところにたどりつく。そういうことが、本当に有効なカウンセリングの場で起きているということなのです。

こうしてみると、確かに「水曜どうでしょう」とカウンセリングには似たところがありますね。どうやら、一番初めの私の勘は、こういうことを捉えていたようです。このことは、嬉野さんや藤村さんとの対話を繰り返し、そこで語られたことをいろいろな視点から考え、またそこで出てきた考えについて嬉野・藤村両氏と話し、そしてさらにここでみなさんにお話をするなかで生まれてきたものです。

もやもやがいっぱい出ていますね。こんなふうに「水曜どうでしょう」という番組についていろいろと考え、さまざまなプロセスのなかで可能性の雲を一つ一つ探っていくことでここにたどりつくことができました。ちゃんとたどりつけてホッとしましたが、きっとこれがたどりつけなくてもそれはそれで面白い話になったんだろうな、とも思っています。

それではみなさん、長いことおつきあいいただいて、本当にありがとうございました。みなさんが聞いてくださったおかげで、最後の話にたどりつくことができました。

みなさんにとって、このお話はいかがでしたでしょうか。もし、なるほど、という感覚に少しでも近づいた感じがありましたら、今回のお話は多少なりとも成功したと言えるのではないかと思います。

それでは、いつかまたお会いいたしましょう。

足もとにお気をつけて帰ってくださいね。

おわりに

これを読むことで、「水曜どうでしょう」を見るのがより楽しくなるような本を書きたいと思っていました。

私も一応研究者なので、ふだんはしかつめらしい文章ばかり書いていますからなかなか難しかったのですが、可能なかぎりわかりやすく、言っていることができるだけ伝わりやすいようにと心がけて書きました。

今回はそうするために、仙台に住んでいる私の妹のある友人のことを頭におきながら書きました。

その人とは直接会ったことはあまりなく、妹が高校生のころに数回顔を合わせたことがある程度です。海に近いある町で銀行に勤めていたその人は、「水曜どうでしょう」が本当に大好きで、この本が書かれていることをとても喜んでくれていると聞いています。

　これを書いているときから一年半前のまだ寒い早春の日に、「その場」にいた彼女の身には、とても大変なことが起こったのだと聞いています。その人の身に具体的にどんなことが起こったのかは、私は知りません。直接話をしたわけではありませんし、話をしたとしても、そこで起きたことが「わかる」かどうかはわからないと思っています。

　そして、その人やそのまわりの人に対して何ができるかも、一年半たった今も私にはわからないでいます。

　ただ、今できることは、ふだんから小難しい本を読んでいないとわからないような本ではなく、普通に生きていて、生活の楽しみとして「水曜どうでしょう」を愛している、あるいは愛していた、そういう人に届くような本を書き、そしてもしできるならば、少しだけその人たちを勇気づけることだけなのではないかと思っています。

　私がこの本を書きながらわかったことは、「私たちはたとえ実際にその場にいなくとも、ともに旅することができる」ということです。そして、そこで得られた思い出のようなものは、実際に体験した思い出と同様に、私たちが生きていくための力を貸してくれる、ということでもあります。私自身、このことにとても勇気づけられましたし、読んでいただいた方にもそういうことがほんの少しだけでも届くと、本当に嬉しいです。

なお、この本のなかでカウンセリングについて私が語っていることは、大半、河合隼雄先生のおっしゃっていたことを私なりに焼き直したものに過ぎません。河合先生の言葉は、ご存知の方はご存知だと思うのですが、しかし、もっと世の中に伝わっていてもいいことや伝わる価値のあることがあまりにも伝わっていないように私には思えますので、このような機会に結果的に言うことができたのは幸いでした。

それから、この「私の言っていることは、だれそれの言っていることの焼き直しに過ぎません」という言い方そのものが、内田樹先生の書かれていることの焼き直しです。焼き直しに焼き直しを重ねていいのかという気もいたしますが、ご容赦いただけると幸いです。

さて、本書をまとめるにあたっては、多くの方のお力添えをいただきました。

突然の申し出に快くご了承いただき、長時間のインタビューにお答えいただいただけでなく、内容についてもさまざまなご助言をしてくださいました、北海道テレビの嬉野雅道氏、藤村忠寿氏に感謝いたします。お二人がそうすることを強く勧めてくださらなかったら、この本が現在の形式で書かれることはありませんでした。ありがとうございました。

データ分析を手伝ってくれた大屋藍子さん、大川内幸さん、「振り返り」のインタビューの場所をご提供いただいた中藤滋さん、準備段階でご助力いただいた堅田浩二さんに感謝いたします。

また、本書の内容の一部を日本質的心理学会で発表するにあたってお世話になりました、安田女子大の上手由香先生、その際にコメントをいただき、今回帯文までお寄せいただきました凱風館館長の内田樹先生に深く御礼申し上げます。

そして、インタビュー開始当時から、内容面、現実面でさまざまなサポートをしていただいた大阪府立大学の川部哲也先生に、心からの感謝をお伝えしたいと思います。

最後に、担当編集者の薮崎今日子さんにあつく御礼申し上げます。

本文では、「水曜どうでしょう」の旅はまだまだ続いていくということを書きましたが、私自身の「水曜どうでしょう」を求める旅は、まだまだ終わりそうにありません。それほど遠くないいつか、また違った視点で「どうでしょう」について論じる機会をもちたいと思っています。こちらの旅も果てしないですね。

そのときにはどうぞまた、おつきあいください。

二〇一二年九月一一日

佐々木玲仁

佐々木玲仁（ささき・れいじ）

一九六九年東京都生まれ。九州大学大学院人間環境学研究院准教授。博士（教育学）、臨床心理士。京都大学大学院教育学研究科修了。京都文教大学臨床心理学部専任講師を経て現職。専門は心理療法における描画法、臨床心理学研究法など。二〇〇九年日本心理臨床学会奨励賞受賞。近著に『風景構成法のしくみ――心理臨床の実践知をことばにする』（創元社）『学生相談と発達障害』（学苑社）などがある。

結局、どうして面白いのか
「水曜どうでしょう」のしくみ

２０１２年9月14日　初版発行

著者　**佐々木玲仁**

装幀・ＤＴＰ　折田烈（餅屋デザイン）
カバー＆章扉イラスト　たなかみか
発行者　籔内康一
発行所　株式会社フィルムアート社
〒１５０-００２２
東京都渋谷区恵比寿南１丁目20番6号　第21荒井ビル
ＴＥＬ　０３-５７２５-２００１
ＦＡＸ　０３-５７２５-２６２６
http://www.filmart.co.jp
印刷・製本　シナノ印刷株式会社

ISBN978-4-8459-1298-8 C0074